偶然とは何か
北欧神話で読む現代数学理論全6章

偶然とは何か　北欧神話で読む現代数学理論全6章　　目次

はじめに　009

　　北欧史について　014

第1章　偶　然　017

　　サイコロとビリヤードのちがい
　　分割できないものを分配する方法
　　インチキできないくじ引きは実現できるか
　　修道士エドヴィンの論証
　　エドヴィン修道士の独創的な解決法
　　エドヴィン修道士の考察
　　ひとりでくじを引く方法
　　隠れた公式はないのだろうか
　　エドヴィン修道士のアイデアと水素爆弾
　　トランプの並べ方と上がる確率
　　「独立」「同様に確からしい」とは？
　　見せかけの偶然
　　乱数を作る
　　一様な分布とは？
　　算術的生成法は独立性をもっていない
　　独立性テスト
　　偶然は理想化された概念なのか
　　物理的装置に頼れば偶然が得られるのか
　　究極の粒子
　　自然の中にひそむ偶然——量子力学の世界
　　光子の奇妙な性質
　　神はサイコロを振らない？

第2章　運　命　067

　　世界に意味があるとは？
　　マックスウェルの悪魔に世界はどう見えるか？
　　偶然を装う
　　純粋に不条理な世界
　　メッセージのエントロピー
　　情報理論を使った不条理な世界の定義
　　キーボードをデタラメに叩く猿
　　決定論的モデルと確率論的モデル
　　決定論的モデルVS確率論的モデル
　　熱力学第2法則の意味
　　聖アンセルムスの神の存在証明
　　聖アンセルムスの誤り
　　数学は、不条理を超越できるか？
　　ゲーデルの不完全性定理
　　数学に対する二つの立場
　　もし歴史的事情が異なっていたら……
　　暴力は純粋な不条理
　　創造性が世界に意味を与える

第3章　予　想　111

　　「聞く気のある者」が聞く
　　預言とその実現
　　合理的予想
　　状況判断の難しさ
　　じゃんけんとPK戦における戦略
　　予想してはならない！？
　　毎回同じ戦略はダメ
　　偶然にまかせる
　　サイコロを振って判決を出す裁判官
　　社会的な合図として偶然を利用する

第4章　カオス　143

もしあのとき……
指数関数的不安定性
不安定性を利用する
時間の尺度の問題
系が複雑だから、ではない
初期値が無限小数になる場合
長期予測ができない本当の理由
「偶然」という名のベールをかける
エントロピー
安定性と不安定性
ストレンジ・アトラクター
面と立体の中間物
フラクタル
乱流とアトラクター
ふたたびエントロピー
エルゴード測度
決定論的モデルを探す方法
ポアンカレの洞察
太陽系
太陽系もカオス
部分系だけ取り出すことはできない
人はどんなとき「偶然」と判断するのか
アテネ軍とシラクサ軍との戦い
因果系列の交叉
偶然と相対的なもの
偶然は存在しない

第5章　リスク　205

出来事に確率を割りふる
微小要素に分解する

「無知の」状況、「不確実な」状況、「確率論的な」状況
神が存在するほうに賭ける
エルスバーグの心理実験
リスクとは何か
未知に対する恐怖
確率論的なリスクと無知のリスク
人為的要因も大きい
悪貨は良貨を駆逐する
リスクを大局的に考えない現代文明
意思決定にひそむ道義的意味合い

第6章　統　計　235

ファラオの政策
リスクを分散させる
独立性
統計学
相関関係のある場合
中心極限定理
正規分布
中心極限定理の威力
ブラウン運動
ブラウン運動の応用
株のオプション
モデルの棄却
偶然である可能性はつねにある
偶然の存在は保証できない
ふたたび、偶然へ
先のことはわからない

おわりに　267

訳者あとがき　274

偶然とは何か
北欧神話で読む現代数学理論全6章

Au hasard
La Chance, la science et le monde

イーヴァル・エクランド[著]
Ivar Ekeland

南條郁子[訳]
Nanjyo Ikuko

創元社

Au hasard
La Chance, la science et le monde
Ivar Ekeland
© Editions du Seuil, 1991
Japanese translation rights arranged with
Editions du Seuil through Motovun Co. Ltd., Tokyo

はじめに

世界には、さまざまな民族によってつくられ、現在まで脈々と伝えられてきた神話が存在する。それぞれの神話に固有な物語ももちろんあるが、気候や民族は異なっているのに、よく似た出来事が起こったり、共通する概念が語られたりすることも多い。たとえば、ヘブライ人の物語である旧約聖書と、ゲルマン民族の物語である北欧神話にはどちらも「混沌（カオス）」という概念が登場する。

　しかしその「混沌（カオス）」に対して、二つの神話はかなりちがった位置づけをしている。旧約聖書では天地創造の前に「混沌（カオス）」があるのに、北欧神話では「混沌（カオス）」は二つの時代の過渡期にあらわれるのだ。

　北欧神話では、主神オーディンの息子たちの時代に世界が崩壊し、地上は廃墟となる。それから新たな黄金時代が幕開けするまでの混沌期は、「神々の衰退（ラグナレク）」とよばれている。

　古い世界の誕生から死までを描いた壮大な叙事詩『巫女（みこ）の予言』は、世界が崩壊し、「混沌（カオス）」があらわれる過程をつぎのように述べている。

　　戦（いくさ）の世、剣（つるぎ）の世がつづき
　　盾は打ち割られた。
　　雷の世、狼の世がつづき
　　世界は崩れ落ちた。

巨人たちは死人の爪でできた船に乗って神々に襲いかかる。地獄の門で吠えていた番犬ガルムは鎖を断ち切り、ミドガルド蛇は海底から浮かび上がってトール神と戦い、フェンリル狼はオーディンを殺し、オーディンの息子ヴィーダルはその仇を討つ。世界樹のトネリコ——かつてはその蔭で3人の運命の女神ノルンが人間たちの運命を決していた——は、今や真っ二つに裂け、日は昏くなり、大地は海中に没し、劫火が星々をものみこもうとしている。

この情景を、わたしたちが今生きている世界に重ねてみることはできないだろうか。現代の混沌のなかにも、古い世界の破片と、未来の黄金時代の断片は混在している。ちょうど、一様に灰色にみえる海岸の砂に虫眼鏡をあてると、色や形の異なった無数のきらめく砂粒が見えるように。

こうしてわたしは、千年の時をへだてる二つのテクスト——古い北欧の散文物語（サガ）の数ページと現代の偶然に関する数学理論の一端——を結びつけて考えることが可能であるし、むしろ積極的にそうすべきではないかと思ったのだ。

サガが「神託」「魔術」「運命」について語っているのに対し、現代数学は「偶然」「カオス」「リスク」を問題にしている。しかしそれらは実は同じ物語を語っているのだ。その物語の起源を遡れば、遠く古代ギリシア時代にたどりつく。その頃は、神託も、魔術も、運命も、偶然も、カオスも、リスクも、すべて「テューケー（$\tau \upsilon \chi \eta$）」というただひとつのギリシア語——この言葉には「存在」という意味もあった——であらわされていた。わたしたち人間は娯楽や知識を求めてこの「同じ物語」を読みはじめる。しかし読み進むうちに、他ならぬわたしたち自身がその登場人物であることを発

見するのである。

　偶然は、ローマ神話の双面神ヤヌスのように複数の顔をもっている。その多面的な豊かさをわたしは描きたいと思った。色とりどりの花々が咲きみだれている庭のような豊かさを描くのだから、きちんと刈りこまれた木のような人工的な形をあたえたくなかったし、理路整然とした研究発表のように単一のレトリックで全体を押し通したくもなかった。

　だから本書の構成を考えるにあたって、わたしはどの章から読んでもいいように配慮したつもりだ。読者のみなさんが読みはじめるにあたっても、偶然に一枚嚙(か)んでもらうのがいいだろう。みなさん、この本は6章からなっている。まずサイコロをお取りいただきたい。そのあと何をするかは、いうまでもないだろう。

北欧史について

　本文では偶然やカオスなどを考察する糸口として、古代から中世までの北欧王朝史が取り上げられている。北欧王朝史は「はじめに」で紹介されているような北欧神話の世界観を引き継いでいて、ヨーロッパ人にとってはなじみの深い物語だ。だが、日本の読者にとっては必ずしもそうではないと思われるので、かんたんな解説を付けておきたい。

　北欧のノルウェーには9世紀まで、各地の有力者や大地主を長とする小さな王国が存在していたが、ハラルド美髪王により900年頃、はじめて全土が統一された。伝承によれば、ハラルドがある娘に求婚したところ、一国全体の王でなければ結婚しないと拒否されてしまった。そこでハラルドはノルウェー全土を征服するまで髪を刈らないことを決意。ノルウェー統一後、のばし放題にしていた髪を刈ってみると美しい髪があらわれたので、美髪王というあだ名が付いたという。

　美髪王の死後、各地で紛争が繰り返されたが、ヴァイキングとして前半生を過ごしたオーラヴ・トリュグヴェソンが頭角をあらわし、995年、全土の国王に推戴された。オーラヴ・トリュグヴェソン王は、ノルウェー土着の呪術や魔術を禁止し、キリスト教への改宗を強引に進めた。しかし999年、デンマーク王スヴェイン、スウェーデン王オーラヴ、そしてエイリーク伯爵などの連合軍に、スヴォルデの海戦で敗北。このオーラヴ・トリュグヴェソン王の逸話が本書の第2～4章で紹介されている。

　このあと登場するのがオーラヴ・ハラルドソンで、彼は1015年に王の座についたノルウェー史上最も有名な王である。

この王も国土のキリスト教化によって全国支配を目指したが、イングランド・デンマークの王クヌットの侵攻に遭い、ロシアへ亡命。再起を図って帰国したが、反乱軍の抵抗に遭い、スティクレスタで戦死した。その後、数々の奇跡が起こり、そのため王は殉教者とされ、聖者の列に加えられた。このことからオーラヴ・ハラルドソン王は聖オーラヴ王とも呼ばれる。この王にかんする逸話が本書の第1章で紹介されている。

　こうした王たちの物語は、サガとよばれる散文物語に詳しく書かれている。その中で、最も有名なのが、アイスランドの詩人・歴史家のスノリ・ストゥルラソンが書いた『ヘイムスクリングラ』である。本書で紹介されているサガも、第5章の『ニャールのサガ』以外、ここから取られている。

（編集部）

参考文献
- 小学館『日本大百科全書』
- 山室静『サガとエッダの世界』（現代教養文庫）
- 武田龍夫『物語　北欧の歴史』中公新書
- イブ・コア著、谷口幸男監修『ヴァイキング』創元社、「知の再発見」双書27

※編集部注
読者の理解を助けるため、原書にはありませんが、各章に前書きや小見出しを入れました。また、原文に著者の意図を推測して、適宜付け加えた部分もあります。

第 1 章

偶　然

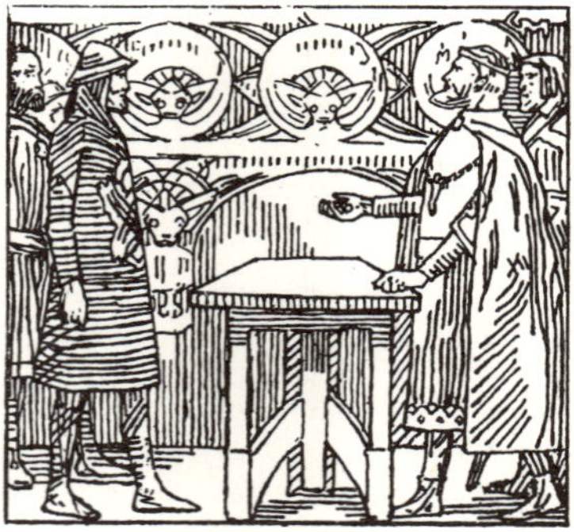

物事を、偶然の結果にもとづいて決定することは古くからおこなわれてきた。コイン投げ、じゃんけん、サイコロ、あみだくじなど、これらはすべて判断を偶然にゆだねている。そのような方法を、ここでは一括して「くじ引き(ドロー)」と呼ぼう。くじ引きは人類史上、多くの場面で重要な役割を果たしてきた。そのひとつに政治的な役割がある。西暦1020年、ノルウェーのオーラヴ・ハラルドソン王と、スウェーデンの王は、ヒーシングという離れ小島の所有権をめぐってサイコロによるくじ引きをおこなった。その模様がサガにつぎのように記されている。

　　ヒーシングのある町は、あるときはノルウェー、あるときはスウェーデンに所有されていた。そこで両国の王は、サイコロをつかって、どちらがこの町をとるかを決めることにした。おのおのが二つのサイコロをふり、出た目の合計の多い方を勝ちとするのである。
　　まず、スウェーデン王がふると二つとも6の目が出た。そこで彼は、もはやオーラヴ王がふるには及ばぬといった。しかしオーラヴ王は手中でサイコロを弄びながらこう答えた。
　　「いや、また二つとも6が出るかもしれぬ。わが主(しゅ)なる神にとって難しいことではない」

第1章　偶然　019

オーラヴ王がサイコロをふると、二つとも6であった。それからスウェーデン王がふると、また二つとも6であった。それからオーラヴ王がふると、ひとつのサイコロからは再び6の目が出たが、もうひとつのサイコロは二つに割れ、二つの目を合わせると7になった。そこで町は彼のものになった。

　　　　（スノリ・ストゥルラソン著『聖オーラヴのサガ』94）

　これについて昔から伝わるある見解によれば、ノルウェー王オーラヴ・ハラルドソン[*]は、このとき偶然を操作したのだという。

　ある者たちによれば、王には病気や障害をなおしたり、あの世から援軍を呼びよせたりするなど、奇跡を起こす力があった。だから王は、念じたとおりの面が上を向くようにサイコロを止めることができたのだという。

　また別の者たちによれば、オーラヴ・ハラルドソン王は超人的なテクニックを持ち、思ったとおりの目が出るように、自在にサイコロをふることができたのだという。もっとも、この能力は生まれつきのものではなく、王が大きなサイコロから練習をはじめて、しだいにサイコロを小さくしてゆき、ついにサイコロを自在に操れるようになったようすが、昔の編年史家によって語られている。

　最後に、このくじはインチキだったとしてあからさまに王を非難している者たちもいる。サイコロには細工がしてあった。だから立てつづけに6ばかり出たのだ。さらに、ひとつのサイコロには外側から見ただけではわからないように、うまくひびが入れてあった。こうしてオーラヴ・ハラルドソン

王は周到に話をしくみ、意外な結末まで用意して、筋書きどおりにことを運んだので、驚いたのはスウェーデン王とその側近だけだった、というのである。

> ＊註：995〜1030年。1015年にノルウェー王即位。キリスト教化による北欧支配を目指す。死後、北欧最初の聖人に列せられた。

サイコロとビリヤードのちがい

たしかにサイコロを使ったくじ引きでは、サイコロそのものから、台の形や凹凸、サイコロのふり方まで、すべてを疑うことができる。つきつめて考えれば、どこに偶然が存在するのかと思われるほどだ。ころがり、はねるサイコロの動きは、力学の厳密な決定論に支配され、偶然の入りこむ余地はない。

同じ原理をもつビリヤードとくらべてみよう。歴史的に見てビリヤードが、「くじ引きの道具」として使われたことはない。ビリヤードは練習すれば上達する「競技」であり、その勝敗は偶然ではなく、おもにプレーヤーの技術によって決まる。

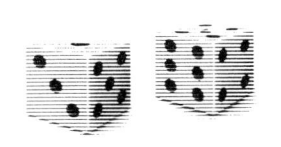

けっきょく、同じ決定論に支配されたビリヤードとサイコロのうち、サイコロの結果だけが偶然といわれる。だがじっさいはサイコロをふる人が不器用だったり、練習不足だったり、無造作だったりするために、思い通りの結果が出ないことを偶然と呼んでいるにすぎない。つまり、偶然は人の眼に宿(やど)っているのである。

　逆に、サイコロ投げが「競技」で、ビリヤードが「くじ引きの道具」であるような世界を考えることもできる。もちろんルールや条件はかなりちがったものになるだろう。その場合、サイコロは大きさも重さもビリヤードの球くらいで、試合の進め方はリヨネーズやペタンクといったボール投げゲームに似ているだろう。選手は2、3歩助走をつけ、できるだけ目標の近くで止まるようにサイコロを投げる。上を向いて止まった面の目の数で、点数が計算される。器用な選手、トレーニングを積んだ選手なら、思いどおりの結果が出るようにサイコロを投げられるだろう。

　ビリヤードはといえば、これを「くじ引きの道具」にしてランダムな結果を出すのはわけもないことだ。盤をかたむけ、ところどころに障害物をとりつけて球の進む向きが変わるようにし、最下部なり他の場所なりに六つのポケットをつくって、球が必ずそのうちのどれかに落ちるようにすればよい。技を競うのではないから、球撞(ショット)きは機械じかけにし、くじを引く人が反対側の斜面からバネで球をはじき出す。

　こんなビリヤードなら、ふつうのサイコロと同じくらいランダムな結果が出るはずだ。もちろんサイコロのようにポケットに入れて持ち歩くことができないので手軽さには欠けるが、2人の王がこのような道具を使って町の運命を決めたと

してもおかしくはない。何世紀かたてば科学技術が進歩して、機械じかけのビリヤードは電気じかけのピンボールに変わるだろう。そうすれば、偶然まかせのゲームがふたたび技を競いあうゲームになる。

分割できないものを分配する方法

わたしは、オーラヴ・ハラルドソン王がインチキをしたなどという、情けない嫌疑はかけたくない。むしろ、王のふるまいはいつでも聖人の名に恥じない立派なものであったと思いたい。

そこで王の公明正大さを信じることにして、今度は、王が町の所有者を決めるにあたり、なぜ偶然にゆだねるという方法をとったのかを考えてみよう。これについてはいくつか見方があるが、第一にあげられるのは、王がサイコロの結果を神の裁きとみなしていたというものである。前述の編年史家はおそらくこのように考えていただろう。

一方、現代人はこの方法を神の裁きとは考えず、むしろ、分割できないものを二分するための知恵とみなそうとするだろう。2人の王は、この町に対して相手と同等の権利があると思っているが、どういうわけか特に主張したい意見も守りたい利益もなく、そうかといって共同統治もしたくない。だからサイコロを使って、自分の権利を偶然の手にゆだねることにした、というわけだ。

何かを2人で取りあう場合、相手に半分譲るのと、二つにひとつの割合で全部を得るチャンスを認めてやるのはほぼ同じことである。そして、それが分割できないものであるとき

は後者によって解決を図るしかない。この方法は今日、数理経済学者たちが基本原理として採用しているものだ。彼らは、この方法を使えばすべての財産が無限に分割できると主張している。

インチキができないくじ引きは実現できるか

　サイコロによるくじ引きはたいへん融通がきくので、さまざまな形で応用できる。たとえば、2人の王のどちらか一方にもう一方の倍の権利を認めたければ、ひとつのサイコロを1回だけふり、出た目が4以下なら一方の勝ち、5か6ならもう一方の勝ちとすればよい。こうすれば一方は3分の2の割合で勝つチャンスがあり、もう一方には3分の1の割合しかないので、約束の2対1という比率が正しく反映される。王としてのプライドに配慮し、2人ともサイコロをふれるように、それぞれの王にひとつずつサイコロを渡し、出た目の合計によって勝敗を決めてもよい。

　だが、2人の王がともに誠実であり、公平なくじ引きでありさえすれば文句をいうつもりはないとしても、解決しなければならない問題がひとつある。それは、どうすれば完璧に公正な、インチキを疑われる余地のないくじ引きが実現できるかという問題だ。だが、そもそもそんなことが可能なのだろうか。いったい偶然とは、最終的にはものの見え方や社会的な取り決めとして説明できてしまうものなのか、それとも、人間の側の事情にはまったく無関係な純粋な偶然が存在するのだろうか。

　この問題については、ある写本のなかで見事な議論が展開

されている。あいにく元の写本は失われてしまったが、ホルヘ・ルイス・ボルヘス[*1]がヴァチカンの古文書館で写しをとっており、それをわたしに見せてくれたことがあるのだ。ボルヘスによると、写本は1240〜1250年頃に書かれたもので、おそらくオーラヴ・ハラルドソン王を聖人に列するにあたっての調書の一部だったのだろうという。著者はエドヴィンという名の修道士で、タウトラ（ノルウェー）のフランシスコ会修道院にいたらしいが、それ以外のことは何もわかっていない。

　写本を読むと、彼のことが現代に伝えられていないのも当然だろうという気がする。というのもエドヴィン修道士の記述には同時代のロジャー・ベーコン[*2]と似た大胆さがあるので、ベーコンに対する非難がそのまま彼にも当てはまるからだ。もしかしたら彼も、ベーコンとともにオックスフォード大学のロバート・グロステスト[*3]のもとで学び、ベーコンのように獄中で生涯を閉じたのかもしれない。かりに彼にほかの著作があったとしても、1277年の異端断罪を免れたはずはない。この年、パリ司教タンピエが非難声明を出して、聖書の否定につながるようなアリストテレス流の宇宙論は断罪され、そういった書物は処分されることになったからである。この写本が残っていたのも、調書の文書として保護されていたのでないとすれば、たんに見過ごされていたからとしか思えない。

　　　＊註１：1899〜1986年。アルゼンチンの詩人、作家。該博な知
　　　　　　　識と大胆な想像力による幻想的な作風で知られる。詩
　　　　　　　集『ブエノスアイレスの熱狂』、短編集『伝奇集』など。
　　　＊註２：1214頃〜1294年。中世における自然科学の先駆者。
　　　＊註３：1168頃〜1253年。神学者、自然哲学者。ロジャー・ベ
　　　　　　　ーコンの師。

修道士エドヴィンの論証

　エドヴィン修道士はまず、オーラヴ王がインチキをしくんだという疑いを晴らしにかかる。その論証とはつぎのようなものだ。

　インチキだという噂が立ったのは、サイコロが割れたのを目撃した人々が全員世を去ってから、かなりの時間が経ってのことである。これに対し、オーラヴ王がいかなるときにも聖人であったという伝説は、王の死の直後からキリスト教徒のあいだに確立し、今も根強く生きつづけている。この伝説は数々の奇跡を根拠としており、サイコロのエピソードもそのなかの重要な奇跡として、オーラヴ王が神から期待どおりの助けを賜(たまわ)ったことをはっきりと示している。サイコロが割れて目の和が12から13になったことは奇跡であるとしか考えられず、福音書のパンを割(さ)く話*がただちに思い出される。だが、町の命運のような世俗的な話題に、そのような崇高な例を引くまでもないだろう。

　ともかく目撃者たちは、サイコロが割れたのは奇跡だと解釈していた。それはスウェーデン王およびその側近の態度にもあらわれている。もし彼らが奇跡であることに疑念を抱いたとすれば、まちがいなく抗議をしたはずなのに、そのような事実は一切伝わっていないからだ。

　ただ、万一このときオーラヴ・ハラルドソン王が偶然を操作したのだとしても、彼の聖性にはいささかも疵(きず)はつかない。旧約聖書にも族長ヤコブにかんして似たような話があるからだ。

何人(なんぴと)もヤコブの聖性には異を唱えようとは思わないだろう。ところが『創世記』第30章にあるように、その彼が義父ラバンと羊を分けあうという契約を交わすにあたり、インチキと疑われてもしかたのないような行動をとっているのである。

　ところで、そもそもサイコロをふった結果で、誰が町を所有するかというような重大な決定をしてもよいのだろうか。これについては、主イエス・キリストにも例があるから安心してよいだろう。聖書によれば、イエスの下着(トゥニカ)がくじ引きにかけられているのだ。このことは４人の福音書家が口をそろえて証言しているが、とくに明確に述べているのは聖ヨハネである。

　　兵士たちは、イエスを十字架につけてから、その服を取り、四つに分け、各自にひとつずつ渡るようにした。下着も取ってみたが、それには縫(ぬ)い目がなく、上から下まで１枚織りであった。そこで、「これは裂かないで、だれのものになるか、くじ引きで決めよう」と話し合った。それは、
　　「彼らはわたしの服を分け合い、わたしの衣服のことでくじを引いた」
　　という聖書の言葉が実現するためであった。
　　　　　　　　　　　（『ヨハネによる福音書』第19章23〜24節。
　　「彼らはわたしの服を…」は『詩篇』第22章19節）

　注目すべきことに、ここには誰がくじに当たったかは書かれていない。また、聖書においても聖伝においても、この貴重な布のゆくえはこのときからわからなくなってしまう。し

たがってこの記述の眼目は下着(トゥニカ)そのものの運命をしるすことではなく、ひとつの原則——分割できないものを無理に分割してはならないという原則——を打ち立てることにあったのだ。

　まもなくキリスト教の伝統のなかで、縫い目のない下着は母なる教会のシンボルとみなされるようになる。教会は、悪魔の手先である異端者や離教者たちに抗して、その単一性を守りつづけねばならないからだ。ところでこの原則は、教会ほど重要ではないもの、たとえば本来的に分割不可能なひとつの町に対しても、やはり適用される。したがってオーラヴ・ハラルドソン王とスウェーデン王がひとつの町の所有権をサイコロによるくじ引きで決めたこと自体は、完全に正当なことである。

　さらに、2次的な論拠であれば、他にいくつもあげることができる。たとえば「くじは膝の上に投げるが、ふさわしい定めはすべて主から与えられる」(『箴言』16章33節)。ユダに代わる12人目の使徒としてマティアを指名したのもくじなら(『使徒行伝』1章26節)、ザカリアが聖所に入ることを決めたのもくじである(『ルカによる福音書』1章9節)。万能の神がヨナタンを(『サムエル記上』14章37～43節)、ヨナを(『ヨナ書』1章1～10節)、そしてアカンを(『ヨシュア記』7章10～23節)、非ある者と名指ししたのも、サウルをイスラエルの王に指名したのも(『サムエル記上』10章22～24節)、「ウリム」「トゥンミム」というくじによってである。当時、くじ引きは神の意志を反映したものだと考えられていたのだ。

　聖アウグスチヌスはつぎのように述べている。「くじそのものにはまったく悪いところはない。悪いのは、そこに神の

意志が示されているのに人間がそれを疑うことなのだ」(『詩篇註解』)。

──と、ここまではエドヴィン修道士の論証は、推論の進め方からいっても、教会の正統派教義から見ても、非の打ちどころがない。ところがこのあと、彼は明らかにテーマに押し流され、用心深い人なら踏み出さない危険な脇道へとそれていくのである。

*註：イエス・キリストが五つのパンと２匹の魚を、説教を聴きに来ていた5000人あまりの聴衆に分配したという奇跡。

エドヴィン修道士の独創的な解決法

さて、このように写本の第１部において、正しくおこなわれたくじ引きの結果は神の意志のあらわれにほかならないことを論証したエドヴィン修道士は、それではいったいどうすれば神の意志が人間に邪魔されずにすむかという現実的な問題を提起する。

そこで写本の第２部では、当時知られていたさまざまなくじ引きの方法（トランプ、サイコロ、宝くじなど）が長々と検証され、よからぬ考えをもった手先の器用な人間がいかに結果をねじまげ、神の意志に反する結果を出すことができるかが示される。それをもとにエドヴィン修道士は、サイコロやトランプといった物理的な道具をもちいる限り、何らかの不正な操作がなされているのではないかという疑いをぬぐい去ることはできない、と結論づけている。

そして彼は、つぎのような独創的な解決法を提案する。オーラヴ・ハラルドソン王とスウェーデン王が会見したときのように重大な決定がなされる場面で、くじ引きの結果に対して誰からも疑われないようにしなければならない場合は、それぞれが互いに知られないようにひとつの数（何桁でもよい）を選び、羊皮紙にそれを書きつけたのち、巻いて封印をしておく。定められた日が来たら、2人の王または代理人が、計算のできる学僧を数人従えた博識で敬虔な審判にその羊皮紙を渡す。審判は封印をやぶり、二つの数を読みあげる。それを学僧たちが足し合わせ、和を6で割って、余りを計算する。それはつぎの六つの数のうちのいずれかになる。

$$1 \quad 2 \quad 3 \quad 4 \quad 5 \quad 0$$

これらはサイコロを振ったときに出る可能性のある六つの数、

$$1 \quad 2 \quad 3 \quad 4 \quad 5 \quad 0$$

に対応しているので、サイコロによるくじ引きの結果とみなしてよい。

たとえば、一方の王が17、もう一方の王が3051を選んだとすると、和は3068となる。これを6で割った余りは2であるから、審判はこの数をくじの結果として発表する。この結果はサイコロの2の目に相当するが、サイコロよりもエドヴィン修道士の方法のほうが、相手のずるさや手先の器用さを心配しなくてすむ分だけすぐれている。これが、13世紀の学僧

につくることのできた可能なかぎり純粋な偶然である。

エドヴィン修道士の考察

このあとエドヴィン修道士は、きわめて興味深い数学的考察に乗りだす。まず彼は、もし二つの数を足すかわりに掛けることにすると、いとも簡単に偶然を操作することができるようになる、と指摘する。2人のうちひとりが6の倍数を選ぶだけで、くじの結果は相手の選んだ数に関係なく0になってしまうからだ。じっさい、この場合、問題になるのは二つの数の和ではなく積であり、掛ける数のうちひとつでも6で割り切れれば、積もまた6で割り切れる。

つぎに彼は、このくじの最終結果に影響するのは、じつは二つの数をそれぞれ6で割った余りだけである、と指摘する。たとえば一方が17、他方が3051を選んだとき、最終結果が2であることは先に見た通りだ。今、それらの数を、それぞれを6で割ったときの余りでおきかえ、17のかわりに5、3051のかわりに3を選んだとすると、その和は $5 + 3 = 8$ となり、これを6で割った余りも2で、先ほどと同じ結果になる。

このことからエドヴィン修道士は、大きい数を選んでも無意味だと述べている。1から6までの数だけを選んだ場合にくらべて、可能性の幅は少しも広がらないからだ。とはいえ彼は、多くの数のなかから選ぶほうが可能性が大きいような錯覚をあたえるので、そのままにしておいたほうがよいだろう、と述べている。

写本の最終部では、この方法を改善するためのさまざまな

工夫が論じられている。この方法は当事者が3人以上のときにも簡単に適用できるが、たとえ当事者が2人きりでも、わざと3人目を加えたほうがよいとエドヴィン修道士はいう。ある町の将来がそれで決まるというように、大きな利害が問題になっているときは、教皇にたのんでローマから三つ目の数を送ってもらい、他の二つと同時に封印を解く。それから三つの数を足し合わせ、和を6で割って余りの数をくじの結果とする。たとえば、先の例にあげた17と3051に三つ目の数442を加えると、和は3510だから最終結果は0となり、サイコロの6の目に相当する。2人の当事者とは無関係な3人目を導入することで、くじの公平さがいっそう確かになるだろう。

ひとりでくじを引く方法

最後にエドヴィン修道士は、ひとりでくじを引く状況もあるといい、そのようなときはどのようなやり方をすればよいかを問題にしている。そして満足のいく答は出なかったといいながらも、当面の解決策としてつぎのような方法を提案している。

まず、任意の数字を四つ並べてひとつの数をつくり、それを2乗する。すると、七つか八つの数字が並んだ数が得られるので、右端から二つ数字を消し、左端からひとつまたは二つ消して、新たに四つの数字が並んだ数を得る。この操作を4回くり返し、最後に得られた数を6で割った余りをくじの結果とするのである。たとえば最初の数が8653なら2乗すると74874409となり、右端と左端から二つずつ数字を消し

て8744が得られる。この操作をくり返すと、最初の数から順に、

$$8653 \quad 8744 \quad 4575 \quad 9306 \quad 6016$$

となり、4回目の操作で得られる6016を6で割った余りは4。これがくじの結果で、サイコロの4の目に当たる。

この方法のよいところは、特殊な場合を除けば、最終結果を予測できないことにある。もちろん計算を実行すれば結果はわかるわけだが、エドヴィン修道士も書いているように、当時はこのような計算ができる人はほとんどいなかった。算盤(アバクス)の使い方を知っているか、レオナルド・フィボナッチの『リベル・アバチ』に記されているような「インド式計算術*」を心得ていなければならなかったからだ。

上の例でいうと、最初の数を6で割った余りは1なのに最終結果は4であり、よほど頭の鋭い人でなければそんなことは見通せないだろう。エドヴィン修道士はここでもより良い方法がないかどうかを考え、残す数字の個数を増やしたり(たとえば六つの数字を並べて最初の数をつくり、つねに六つの数字を残す)、操作の回数を増やしたりすれば、もっと信用できるものになると述べている。もちろん、増やす個数や回数は最初に決めておき、一度はじめたら途中でルールを変えてはならない。

> *註:インド式計算術とは、位取りに基づく四則計算の方法、いわゆる筆算のこと。ギリシアやローマの記数法は計算には不向きだったので、位取り記数法を知らない人にとって、紙の上での計算は離れ業に等しかった。

隠れた公式はないのだろうか

　しかしエドヴィン修道士はこの方法の欠点も率直に認めている。それは例外の存在だ。たとえば最初の数が 0000 なら、そのあと得られる数がすべて 0000 で、最終結果も 0 になることくらい、誰にでもわかる。だがそこまで明らかではなくても、計算の途中で 0 が出現したためにうまくいかなくなることがあるのだ。たとえば最初の数が 1001 なら、1 回目の操作の結果は 0200 で、そのあとは順に 0400、1600、5600、3600、9600、1600 となる。それから先は堂々めぐりだ。つまり 1600、5600、3600、9600 が無限にくり返す。このため 4 番目の結果も、17 番目の結果も、100 万番目の結果も、すべて見通せることになり、自分で自分にインチキができてしまうのである。

　これを避けるためにエドヴィン修道士は、たとえば最初の四つの数字は 0 以外とし、互いに異なる数字から選ぶ、などの方法を提案している。だが、洞察力に富む彼は、こういった明白な例外だけでなく、もっと目につきにくい別の例外があるかもしれないと考えずにはいられなかった。明白に見える例外ですら、背後にもっと深い規則性が隠れていることを暗示しているにすぎないのかもしれない。その規則性は自分の未熟な目には見えないけれど、的確な目で分析すれば見えてくるのではないだろうか。1001 のような特殊な数だけではなく、どんな数でもあてはめれば簡単かつ直接に答が出るような、隠れた公式がないともかぎらない。我々にそのような公式が見つけられないからといって、それが存在しないとはいいきれない。もし存在すれば、この方法で出てきた数は

偶然の産物とはいえなくなる。誰がその公式を発見するかはわからないけれど、もし発見すればその人は公式を秘密にしておいて金儲けに使うこともできるし（結果を予想する賭けをして、外れた人から金をまきあげる）、あるいは公表してしまって、それまで一生懸命計算した人々の苦労を水の泡にすることだってできる——。

　写本はここで終わっている。このような憂鬱（ゆううつ）な記述で終わっているのは、悪い予感があったのかもしれない。こんな本を書いたせいで、エドヴィン修道士がどんな憂き目にあったかは容易に想像がつく。彼はまるで物を扱うように数を操作し、数にこめられた神秘的な意味を無視している。こうした還元主義的なやり方は、当時においては、きわめて危険なものだった。

　たとえば『ヨハネの黙示録』13章18節に書かれているように、666が「獣」の数字であることは当時よく知られていた。もし計算の途中でこの数が出てきたらどうなるだろうか。それが悪魔の仕業であることは明々白々ではないか。それなのにどうして結果が穢（けが）されないなどと考えるのか、等々。当時は、こうした考え方のほうが常識だったのである。

　数についての伝統的解釈を捨てたエドヴィン修道士は、キリスト教の禁ずる「占い」をおこなっているとして、いつ告発されてもおかしくはなかった。そしてじっさいに、異端裁判にかけられていたかもしれないのである。

エドヴィン修道士のアイデアと水素爆弾

　それから数世紀のち、エドヴィン修道士の提起した問題が

再び今日的な意味を持つようになった。20世紀の科学者たちがコンピュータに偶然を教え込んでやる必要に迫られたからである。それはもはや、俗世を離れた思弁にも、聖性をめぐる調書にも関係がなく、熱核爆弾、つまり水素爆弾をつくるためだった。水素爆弾の最初の試作品は1952年に完成したが、それは多くの科学者と技術者による未曾有(みぞう)の努力の成果だった。アメリカでおこなわれた彼らの研究は、アインシュタインがルーズベルト大統領に送った有名な手紙をきっかけにはじまった。そこから原子爆弾が生まれ、1945年に広島と長崎に投下されたことはよく知られている。

　原子爆弾にかんする計算は、計算尺と手動式計算機の助けをかりて、手計算でおこなわれた。史上初の電子計算機エニアック（ENIAC）——高さ3メートル、幅90センチメートル、長さ30メートル、1万8千本の真空管と、50万箇所余りの溶接部をもつ巨大装置——の作動準備がようやく整ったのは1947年の後半である。それまでの長い準備期間中に、計算機が完成したら核分裂性の材料のなかでの中性子のふるまいを模擬実験(シミュレート)することが決まっていた。これは水素爆弾をつくるためのきわめて大事なステップである。すでに原子爆弾をつくっていた研究者、とくにエンリコ・フェルミとジョン・フォン・ノイマンは、検討の末、この問題をあつかうには統計的手法によるしかないと考えていた。中性子は刻々、決まった確率で原子核と衝突する。衝突すると、入射した中性子がそのまま散乱するか、さもなければ核分裂が起こって新たな中性子がいくつか発生する。各回の衝突でどちらが起こるかはわからないけれども、それぞれの起こる確率はわかっている。

そこで個々の中性子の運動の軌跡は、ある規則にしたがうゲームの結果と見なすことができる。その規則は複雑ではあるが、ひとつひとつの現象が起こる確率はわかっている。だから中性子の運動の軌跡を、ある一定の確率にしたがってどの進路をたどるかを決定する、つまり、くじ引きで進路を選ぶゲームの結果と見なすことができるのだ。

このようなゲームを何回も計算機にさせて、その結果を統計的に研究しよう、というのがノイマンらのアイデアだった。進路を選ぶくじをルーレットに見立て、この方法はモンテカルロ法[*1]と名づけられた。エニアックの完成を待つ間、科学者たちはフェルミの考案した小さな荷車装置——この装置はさっそくフェルミアックと命名された——を使って、中性子のたどりうる軌跡をシミュレートしていた。この装置を中性子に見立て、衝突のたびに、つぎの衝突までに走る距離とその方向をくじ引きで決めさせながら、原子炉の断面図の上を走らせたのである。

この小さな装置は、エニアックの到来とともに車や機械の付属品(アクセサリ)販売店に払い下げられた。そのエニアックも1952年にロスアラモスの研究所でマニアック（MANIAC）[*2]が完成してからは時代遅れのしろものとなった。とにかく、どの機械を使っても、モンテカルロ法はすばらしい力を発揮した。今日でも、物理の計算ではこの方法が大いに役立っている。

> ＊註１：カジノの中心地、モナコ公国のモンテカルロにちなむ。
> ＊註２：ロスアラモス国立研究所は第２次世界大戦中、核兵器の開発のために設立された。

トランプの並べ方と上がる確率

モンテカルロ法は、ルーレットのように単純で、ルーレットのように気まぐれである。数学者のスタニスワフ・ウラムにならって、トランプの独りゲーム(ペイシェンス)で上がる確率を考えてみよう。

このゲームで上がることができるかどうかは、カードの最初の並べ方によって決まる。52枚のカードの並べ方を考える前に、A、B、Cという3枚のカードで考えてみよう。3枚から最初の1枚を取り出して、1番目の場所に置く。そこに置くカードの取り方は、3枚のうちのどれでもよいから3通り。つぎに、そのおのおののカードについて、2番目の場所に置くカードの取り方は、1枚目に取ったカードを除く2枚からどの1枚を取ってもよいから2通りある。そして最後の1枚の取り方はもちろん1通り。したがって、3枚のカードの並べ方は全部で3×2×1=6通りとなる(実際、ABC、ACB、BAC、BCA、CAB、CBAの6通りである)。同じように、52枚のカードの並べ方は、

$$52! = 52 \times 51 \times 50 \times 49 \times 48 \times \cdots \times 3 \times 2 \times 1$$

通りある。この52!という数(52の階乗と読む)は、70桁というとてつもなく大きな数だ。あまりにも大きいので、すべての並べ方について実際にゲームをおこなって上がる場合を列挙するというわけにはいかない。したがって求める確率、

$$\frac{(\text{上がる並べ方の数})}{(\text{すべての並べ方の数})}$$

の正確な値を知ることは、実際上は不可能である。だが、少数回、つまり数百回から数千回ゲームをおこない、経験的に値を見積もることはできる（ただし、カードは毎回よく切っておかねばならない）。いいかえると、52! 通りの並べ方のなかから独立かつランダムに選んだ相当数の並べ方でじっさいにゲームをおこない、上がったゲームの比率で未知の確率を近似しようというわけだ。ペイシェンスのコンピュータ・プログラムをつくるのはたやすく、数ミリ秒もあればひとつの並べ方についての最終結果がわかるのである。

「独立」「同様に確からしい」とは？

だが、その前にコンピュータにカードの切り方を覚えてもらわなければならない。カードを切る、つまりシャッフルするとは、それぞれ $\frac{1}{52!}$ の確率で出うる 52! 通りの並べ方のなかからひとつの並べ方を選ぶ、それも、前に選んだ並べ方とは何の関係もないように選ぶということだ。ひとつの並べ方が、その前の並べ方とは無関係に選ばれるとき、それらの選び方は「独立」であるという。さらに、各回の選び方が独立でも、何回もシャッフルするうちに、ある特定の並べ方ばかりが多く選ばれるようでは困る。どのような並べ方も偏りなく選ばれなくてはならない。このようなとき、どの並べ方も「同様に確からしい」という。

ブリッジで毎回カードをシャッフルしてから札を配るのは、

この「独立性」と「同様な確からしさ」のためである。これは見かけほど単純ではない。いかさまトランプ師は自分に一番良い手がくるようにカードを切ることができるし、手品師は客がさしこんだカードを当てることができる。また、正直に切ればよいというものではなく、時間をかけること——近年の研究によると、最低7回はシャッフルすること——も必要である。

こうした条件が満たされていれば、プレイヤーはいま配られたカードについての情報を引きだすために、前回のカードの順番を役に立てようとは思わないだろう。さらに、いま自分の手が悪くても、回を重ねるうちには、良い手がまわってくることを期待してよいだろう。

カードにしてもサイコロにしても、偶然はもっぱら、わたしたちの手先の不器用さから生まれてくる。わたしたちにはとうてい、思いのままにサイコロの目を出したり、思いどおりの順番にカードを並べたりすることはできないからだ。

しかしカードとサイコロをくらべてみると、カードで偶然をつくりだすことには限界があることがはっきりする。サイコロをふるのは誰でもよいが、トランプを切るとなるとそうはいかないからだ。あまり不器用だとうまく切れないし、器用すぎれば警戒心を起こさせる。それでは、不器用さとも縁遠く、不審な行動も一切ないコンピュータで偶然をつくる（たとえば数をランダムに選ぶ）にはどうすればよいのだろうか。

この問題は、けっきょくのところエドヴィン修道士が提起したものにほかならない。当時とくらべて科学技術はたしかにめざましい進歩を遂げたが、人間の考えることはそれほど変わっていないのかもしれない。

最初に用いられたのはエドヴィン修道士の2乗採中法、つまり数を2乗して真ん中を採っていく方法だった（これは今日、フォン・ノイマン法ともよばれている）。だがまもなく、いくつかの例外を除くと、どの数からはじめても多数回くり返すうちに必ず2100があらわれ、4100、8100、6100と続いたあとふたたび2100に戻って、そこから先は、

　　　　2100　　4100　　8100　　6100　　2100……

と無限にくり返すことがわかった。そして、いくつかの例外とはまさにエドヴィン修道士が指摘していたもの（p.34）にほかならず、それらの例外の唯一の欠点は、他の場合より早くサイクル（上とは別のサイクル）に達するというだけだったのである！

　少し考えてみれば、こうなった理由はすぐにわかる。この方法では、コンピュータは四つの数字を並べた数をつくり、それを2乗して真ん中の四つの数字を採るという操作を数回くり返す。こうして得られた数を「ランダムに」選ばれた結果とみるわけだが、それもやはり四つの数字が並んだ数である。「ランダムな」数をつづけて出したいときは、2乗採中の操作を次々にくり返し、そのたびに得られる数を2回目、3回目……のくじ引きの結果とする。するとどの結果もその前の結果に全面的に、そしてそれのみに依存することがわかる。つまり、シミュレーションでは、毎回「独立」にくじ引きがおこなわれるという、偶然が持つべき基本的性格が失われているのである。

　たとえば最初に出てきたのが8653なら、2回目は8744、

3回目は4575であり、8653が出てくるたびに8744、4575の順であとにつづくことが確実にわかる。このために何回か操作をくり返すうちに、必ずサイクルがあらわれてしまうのだ。

見せかけの偶然

こんな例を考えてみよう。いま、かりにつぎのような風変わりなルーレットのディーラーがいたとする。彼はペダルを使ってルーレットを操作することで、決まった順番で数を出し、偶然に見せかけようとしている。そのために彼はできるだけランダムに数を選んで並べ、その順番にしたがって数を出す。たとえば7のつぎはかならず35を出し、35のつぎは13、13のつぎは22、というふうに順番を決め、なるべく感づかれないようにするため、同じ数はつづけて出さないことにするのだ。

だがルーレットには、0を含めて37個しか数がない。だから最大でも37回ルーレットをまわしたら、その次はすでに出た数のどれか——たとえば7——に戻らざるをえない。それからは同じことのくり返しである。つまり35、13、22、……と続き、ふたたび7が出たらまた35、13、22、……と無限に循環する。どれだけくり返したらプレイヤーたちはこのからくりに気づくだろうか。

　このディーラーが多くとも37回で1サイクルをつくるのと同様に、2乗採中法は多くとも1万回の操作で1サイクルに達するはずだ。というのは、四つの数字の並べ方の総数が1万（$10 \times 10 \times 10 \times 10$）だからである。1万回で少なければ、たとえば五つの数字が並んだ数をつくってもよい。

　しかし、大事なことはどこかで必ず頭打ちになるということである。もちろんエドヴィン修道士のように、得られた数を6で割り、その余りをくじの結果として、現実に目隠しをすることもできる。そうすれば、本当は0から9999までの数を選んでいるのに、あたかも0から5までの数を選んでいるように見えるだろう。たとえば

$$6016 \quad 1922 \quad 6940 \quad 1636$$

の順に数が出てきたら、これは、

$$4 \quad 2 \quad 2 \quad 4$$

と読まれることになり、4の次が2であったり4であったりするために、まるでくじ引きが独立におこなわれたようで、

第1章　偶然　043

いかにも偶然の結果らしく見える。しかし、あいにく最初の4は6016をあらわし、二つ目の4は6940をあらわしているから、これら二つの4は、じつは同じものではない。ちょうど手品師が鏡をつかって観客の目を欺くように、コンピュータが6016と6940にしかけをほどこして両方とも4に見せただけなのだ。

乱数を作る

現在、2乗採中法は、コンピュータでランダムな数、つまり乱数をつくりだす目的ではほとんど用いられていない。よく使われるのはつぎのような式である。

$$X_n = aX_{n-1} + c \quad \mod M$$

ここで、X_nはn回目のくじ引きの結果、X_{n-1}はその前の回のくじ引きの結果である。それぞれn個目の乱数といいかえてもよい。上の式は$(n-1)$個目の乱数X_{n-1}を用いてn個目の乱数X_nをつくる方法をあらわしている。どのようにするかというと、$(n-1)$回目の数X_{n-1}をa倍して、cを足す。その数をMで割った余りをX_nとするのである。a、c、Mは自然数で、これらの値を1組決めるたびに式がひとつ決まる。たとえば、$a=2$、$c=1$、$M=5$の場合、式は、

$$X_n = 2X_{n-1} + 1 \quad \mod 5$$

となる。ここで$X_0 = 3$としてみよう。すると、X_1は7（=2

×3＋1）を5で割った余り、つまり2となる。次に、$X_1 = 2$ を右辺に入れて計算すれば、5（＝2×2＋1）を5で割った余りとして、$X_2 = 0$ が得られる。こうして次々と X_n の値が求まるのである。このように式を用いて次々と乱数をつくる方法を算術的生成法という。

だが、実はこの算術的生成法には2乗採中法と同じ欠点がある。どの結果もその前の結果に全面的に依存するため、多くともM回目で1サイクルに達してしまうのだ。これは、Mで割った余りは0からM-1までの数なので、M個の数しか生成されないためである。

そこで実用的には、Mの値として 2^{32} や $2^{31}-1$ を用いることが多い。コンピュータはわたしたちが慣れている10進法ではなく、2種類の数字（0と1）で数を表す2進法を使っているため、2^{32} で割るのはとてもやさしいし、$2^{31}-1$ で割るのも大して難しくはない。おまけに $2^{31}-1$ の数は素数であるという利点をもっている。

割る数がこれだけ大きいと（2^{32} は10桁、つまり10億以上の数である）、サイクルの周期も相当大きくなるので、出てくる数が循環していることを見破るのは事実上ほとんど不可能になる。したがって、これでどうにか偶然に見せかけることができたと思ってよいだろう。

一様な分布とは？

ところが、じつはそうではない。サイクルの問題は最初の障害物にすぎず、行く手にはまだ多くの障害物が立ちはだかっているのだ。じっさい、偶然の概念はじつに多様な性質に

分かれ、なかには互いに矛盾しているように見えるものさえある。

たとえば先に、くじ引きが各回、前回の結果に依存しない、つまり独立におこなわれるかどうかという連続くじ引きの独立性を問題にしたが、その結果がどのように分布するかについてはふれなかった。偶然に見えるためには、その分布が一様であることが望ましい。分布が一様であるとは、前述の2乗採中法でいえば、0から9999までのすべての数が同じ頻度で出てくるということだ。しかし、すでに見たように、この方法で出てくる数の列はどれも最終的にはひとつのサイクルに落ち着いてしまう。そのサイクルとは、例外を除けば、

$$2100 \quad 4100 \quad 8100 \quad 6100$$

である。これがはじまると、サイクルに含まれる四つの数はすべて同じ比率（各 $\frac{1}{4}$）で出てくるが、その他の数はもはやあらわれない。したがってこの場合、分布が一様になりうるのは、まだサイクルがはじまっていない過渡期だけということになる。つづけて引いたくじの結果が、0と9999の間にまんべんなく分布することを期待できるのは、この過渡期のあいだだけなのだ。

算術的生成法では、Mに対してaとcの値をうまく選べば、どれかひとつのサイクルの周期を非常に長くすることができる。そればかりか、サイクルがたったひとつしかなく、そのなかに0からM−1までのすべての数が現れるようにすることもできる。この場合、0からM−1までのM個の数が1サイクルに1回ずつ出てくるので、すべての数が同じ頻

度 $\frac{1}{M}$ で現れることになり、分布は一様である。

　だが、けっきょくのところこのときコンピュータは、0からM－1までの数を通常とはちがう順番で出しているにすぎない。そのような操作について偶然を語る意味などあるのだろうか。ここでも偶然は見ている人の目に宿っている。つまり、わたしたちが10億個余りの数を一目で見渡すことができないので、コンピュータがどのような規則にしたがってそれらを並べているのかわからず、結果がランダムに見えてしまうだけなのだ。もっと眼力の鋭い観察者なら、数の分布のなかに隠れた規則を見抜くことができるかもしれない。そうなれば彼の見ているものは偶然ではないということになる。

算術的生成法は独立性をもっていない

　つぎにあげる簡単な例でその状況を見てみよう。

　いま、コンピュータを使った連続くじ引きによって、(0,1)区間に点が一様に分布するようにしたいとする。まず、どのくらいの細かさで一様にするかを決めておこう。ここではかりに32ビットとする。これは（0,1）区間の数を2進法で表したとき、小数点以下33桁以降は切り捨てるという意味である。つまり、(0,1) 区間の数をすべて考えるかわりに、0と1の間に等間隔に並んだ $M = 2^{32}$ 個の格子点だけを考えるのだ。そうしておいて、これらM個の格子点がすべて出てくるように、コンピュータによるくじ引きの仕方を決める。ここで、例の算術的生成法を使ってみよう。

$$X_n = aX_{n-1} + c \quad \mod M \ (ただし M = 2^{32})$$

定数 a と c をうまく選んで、周期が M のたったひとつのサイクルしかないようにすれば、(0,1) 区間の M 個の点は 1 サイクルに 1 回ずつあらわれる。したがってそれらはすべて同じ頻度 $\frac{1}{M}$ をもち、望みどおり (0,1) 区間に点が一様分布するような連続くじができたことになる。

　さて、今度は線分ではなく、正方形上に点が一様に分布するような連続くじ引きをしたいとしたらどうなるか。正方形の辺の長さを 1 としよう。このとき正方形上の各点は、0 から 1 までの値をとる二つの数、x と y のペアで表される。x は点の水平方向への射影（横座標）、y は垂直方向への射影（縦座標）である。

　上と同様に (0,1) 区間のかわりに M 個の等間隔な格子点を考えれば、横座標 x のとりうる数は M 個、縦座標 y のとりうる数も M 個だから、点 (x,y) のとりうる位置は M×M=M^2 個で、けっきょく正方形上にまんべんなく散らばる M^2 個の格子点が得られたことになる。そのなかの 1 点を選ぶには、(0,1) 区間の数を 2 回つづけてくじ引きし、横座標 x と縦座標 y を決めればよい。複数の点を選ぶには、(0,1) 区間のくじ引きをさらにつづけていけばよい。もし (0,1) 区間の連続くじ引きが独立で、一様分布ならば、正方形上の任意の格子点が、同じ頻度 $\frac{1}{M^2}$ で得られるだろう。

　ただ、この横座標と縦座標を決めるくじ引きは、どうしても互いに独立でなければならない。つまり、横座標を決めるくじ引きと縦座標を決めるくじ引きとの間に何らかの関係があってはならない。ところが、算術的生成法はこの独立性を持っていないのである。

　このことを確かめるために、算術的生成法を使って正方形

上の点の座標を x、y の順に決めてみよう。Mの値が十分大きいので（$M = 2^{32}$）、二つのくじ引きの結果は一見独立にみえる。

しかし、じつはそうではないことをわたしたちは知っている。なぜなら算術的生成法では、

$$y = ax + c \quad \mathrm{mod}\ M$$

という式によって、先の結果 x を用いてつぎの結果 y を計算するからだ。

x になりうる数はM個であり、1個の x に対して y が1個決まってしまうから、このくじ引きで出うる正方形上の点 (x, y) はM個しかない。しかしランダムなくじ引きなら、本来 $M \times M = M^2$ 個の点の中から選ばれるはずである。つまり、算術的生成法で振り出すことができるのは正方形上の M^2 個の点のうちのM個、比率でいえば $\dfrac{M}{M^2} = \dfrac{1}{M}$（約10億分の1）にすぎない。

ということは、ほとんどの点はこの方法では出てこないのだ。しかも、くじ引きされうるM個の点が、正方形上に均等に分布するかどうかもわからない。わたしたちは M^2 個の点が並ぶ正方形の上で、あっちへ行ったりこっちへ来たりしながらM個の点をつなぎ、ひとつのサイクルをつくった。このサイクルが正方形の限られた部分に集中し、他の部分は空白のまま残ることも大いにありうるのだ。

算術的生成法の例：$X_{n+1} = X_n + 3 \mod 10$

ここにあげたごく簡単なモデルを使って、0から9までの整数を「ランダムに」くじ引きしてみよう。$X=0$から始めて、結果を順番に並べていく。

$$X_0 = 0 \qquad X_6 = 8$$
$$X_1 = 3 \qquad X_7 = 1$$
$$X_2 = 6 \qquad X_8 = 4$$
$$X_3 = 9 \qquad X_9 = 7$$
$$X_4 = 2 \qquad X_{10} = 0 = X_0$$
$$X_5 = 5 \qquad X_{11} = 3 = X_1$$

これを見ると、0から9までの整数がもれなく出てくる完全なサイクルになっている。つまりこの生成法は、0から9までの整数をいつもとは異なる順番で書き出しているわけだ。コンピュータは最後の数を記憶しており、新しくたずねられるたびに、このリストにしたがってつぎの数を出してくる。

この生成法を利用して［0,1］区間の点を「ランダムに」くじ引きすることができる。そのためにまず、この区間のかわりに、等間隔に並んだ10個の点を考える。それらは

$$0 = \frac{0}{9}, \frac{1}{9}, \frac{2}{9}, \frac{3}{9}, \frac{4}{9}, \frac{5}{9}, \frac{6}{9}, \frac{7}{9}, \frac{8}{9}, \frac{9}{9} = 1$$

で、幾何学的には下のようにあらわせる。

```
0   1   2   3   4   5   6   7   8   9
●———●———●———●———●———●———●———●———●———●
```

先に整数に順番をつけたのと同じようにこれらの点に順番をつけていくと、次々に出てくる点は図式的に次のようにあら

わせる(各点とそのつぎの点は矢印で結ばれている)。

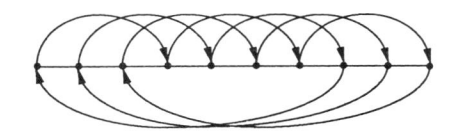

こうして連続くじの結果は10回で［0,1］区間を一巡する。ここでもコンピュータは最後に到達した点の場所を記憶しており、新しい場所をたずねられるたびに、上の図式にしたがってつぎの場所を答える。この方式はもちろん本当はランダムでも何でもないが、独立かつ一様分布な連続くじの結果と同じ性質を多くもっているので、不注意な観察者なら十分にだますことができる。

ところが正方形上の点のくじ引きに使ったとたん、この生成法の欠点があらわになる。先ほどと同じく、正方形［0,1］×［0,1］を100個の点でおきかえよう。

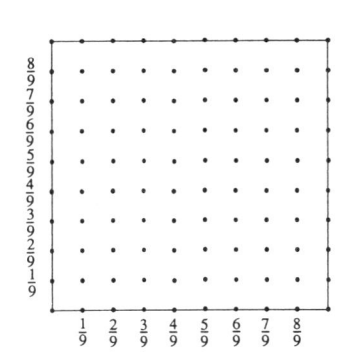

それからこの生成法で続けてくじ引きをおこない、正方形上の点の座標を決める。たとえば横座標が0なら、縦座標は$\frac{0}{9}$のつぎの結果、つまり$\frac{3}{9}$でなければならない。このため、ど

第1章 偶 然

んなにくじ引きをくり返しても、出てくる可能性のある点は100個のうちの10個にすぎない。

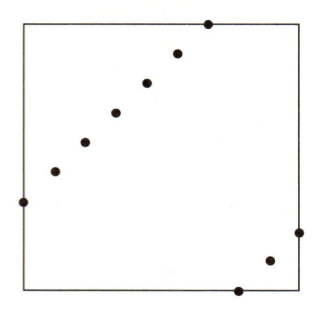

その上、今度は誰の目にも明らかなとおり、これら10個の点は正方形上に均等に分布していない。そこでこの生成法による [0,1] 区間の連続くじは独立ではないということになる。

じっさいに算術的生成法を使うときは、Mの値を非常に大きく（M～2^{32}）とって、サイクルの周期を長くし、区間の分割も細かくするのが普通である。しかし、それでも思わぬところで不快な驚きに出くわすことがある。

独立性テスト

これをヒントに、連続くじ引きの結果が (0,1) 区間に一様に分布しているとき、その独立性をテスト（検定）するための方法が得られる。それは、くじ引きの結果を二つずつまとめて正方形上の点にあらわし、それらが正方形上で均等に分布するかどうかを調べる、というものだ。

しらべた結果、均等に分布していることがわかったとしても、くじ引きが独立であると結論することはできない。たと

えば三つずつまとめて立方体をつくったとき、その内部の点の分布に偏りが生じ、それまでは見えなかった相関関係があらわになるかもしれないからだ。しかし、均等でない場合は、くじ引きは独立でないと断言できる。

　これがいわゆる独立性テストである。算術的生成法のなかには、かんたんにこのテストを通りぬけるものもある。aとMをうまく選べば（cの値は大して重要ではない）、正方形上に打ち出された点があたかも均等に分布しているように見えるのだ。

　だが独立性テストはほかにも種類がたくさんあり、ひとつをうまくだませても別のテストでは見破られる可能性がある。実際、どのテストにも相性のよい相手と悪い相手があり、そのテストで見破られる生成法がある一方で、見破れない生成法もある。リンカーンの有名な言葉にならっていえば、コンピュータはひとつのテストならつねにだますことができるし、すべてのテストも時々ならだませるが、すべてのテストをつねにだますことはできない、ということだ。

　　　＊註：リンカーンの原文は次の通り。You can fool all the people some of the time, and some of the people all the time, but you cannot fool all the people all the time.（一部の人ならつねにだませる、すべての人も時々はだませるが、すべての人をつねにだますことはできない。）

偶然は理想化された概念なのか

　本来、偶然には汲み尽くせないほどの豊かさがある。しかし、算術的生成法にはこれがない。本当にランダムなくじ引きなら、多数回のくじ引きの結果を順に並べた$X_1, X_2, \cdots\cdots,$

X_n はもちろん独立で、一様に分布し、そこから二つにひとつの割でとり出しても、二つずつまとめても、順番を変えても、得られる数の列はやはり独立で一様に分布しているだろう。もう少し複雑な変換をした、たとえば各結果を2乗した $X_1^2, X_2^2, \ldots, X_n^2$ のようなものも、やはり独立で、その分布はもはや一様ではないが、計算することはできるだろう。

これに対して算術的生成法の場合は、たとえ $X_1, X_2, \ldots, X_n$ が一様に分布していても、二つずつまとめてつくった点が平面に均等に分布するとはかぎらないし、2乗したものの分布も、期待通りの法則にしたがうとはかぎらない。もちろんはじめからそうなるように仕組んでおいてもよいが、三つずつまとめたものや、各々を3乗した $X_1^3, X_2^3, \ldots, X_n^3$ はどうなるのだろう。また、順番を変えたらどうなるのだろう。それらもランダムな数列のようにふるまうだろうか。周到に生成法を決めておいたとしても、いざ動かしてみたときに予期せぬテストにぶつかって化けの皮をはがされないともかぎらない。ところが本物の偶然のほうは、考えられるすべての障害物をいとも楽々と跳び越えていくのである。

ここまでくれば、どんなに強力なコンピュータをもってしても、わたしたちが無意識に偶然の本質的性質だと思っているものをすべては再現できないことに気づくだろう。そこで、例の疑問がふたたび頭をもたげる。偶然などというものが本当に存在するのだろうか、それともわたしたちが幻に惑わされているだけなのだろうか。

もしかしたら偶然とは本質的に数学的な概念なのかもしれない。ノートに引かれた線には幅があるにもかかわらず、数学では「線には幅がない」という。偶然というのも、こうし

た理想化された概念にすぎないのかもしれない。

　実際にコンピュータを使う人は、はじめからそんなことは問題にしない。モンテカルロ法を使って積分を計算する物理学者は、偶然そのものを模倣しようなどとは思っていない。コンピュータが選んでくれる数の列から、求める値になるべく近い値ができるだけ短時間で得られればそれでよいのだ。物理学者はふつうN次元空間（Nは大きな数）を相手にしている。したがって物理学者にとって何より重要なことは、くじ引きの結果をN個ずつまとめた点が、N次元空間においても均等に分布していることである。

　しかし彼は、自分の問題とは無関係な独立性テストや一様分布テストの結果などは、ほとんど気にとめない。じっさい、コンピュータの利用者は、同じ法則にしたがう独立な連続くじ引きの結果がもっている無数の性質のうち、自分の興味に直接関係するものしか考慮しない。そしてそれに合った算術的生成法をつくるので、しまいには結果から偶然らしさが失われることもあるほどだ。

物理的装置に頼れば偶然が得られるのか

　偶然に対してとりうるもうひとつの態度は、本当にランダムな数列などわたしたちにはつくれないのだと肝に銘じて、本当の偶然がある所、すなわち自然の中に偶然を求めることである。

　だからこそ、一部の乱数生成法は、算術的方法とコンピュータに内蔵されている時計を「ランダムに」組み合わせて乱数を発生させている。具体的には、生成の途中で何度かその

時点の時刻を求め、計算に組みこめばよい。たとえば算術的生成法の初期値 X_0 として、1900年7月14日午後5時から経過した時間を秒であらわした数値をあてはめるというふうにする。いってみれば、自然の偶然をとりこんで、人工的な偶然を補強するのだ。

しかしこれをはじめると、あれもこれもとりこみたくなる。その要求を満たす算術的生成法をつくるのは容易ではなく、だからといって市販のソフトを使うとなると、リスクを覚悟しなければならない。それならいっそ数学的な方法ではなく、経験をもとにつくられた乱数表を使ってはどうかということになる。

そういう乱数表は、はじめは人口調査の結果をもとに作成されていたが、まもなく物理的装置を用いてつくられるようになり、1955年にはランド・コーポレーション*が、電気的ノイズから抽出した百万個の数字からなる乱数表を発表した。

ところが数年後、表の作成に手違いがあったことがわかり、信用に傷がつくとともに、数字を抽出するときの独立性まで疑わしくなってしまった。こうして、偶然を追跡して手に入れるには——とくに大量のランダムな抽出結果がほしいときには——数学的アルゴリズムより物理的装置を使うほうが楽とは限らないことがわかったのである。

*註：1948年に設立されたアメリカのシンクタンク。主に米軍関係の業務に携わる。

究極の粒子

というわけで、わたしたちは再び行き詰まってしまった。

ちょうど本章冒頭の話で、2人の王のふったサイコロが3回つづけて2個とも6の目が出て、一同が困惑したように——。

ところが、そういうときにこそ偶然が介入する。ゴルディオスの結び目を断ち切ったアレクサンダー大王[*1]のように、偶然はわたしたちの現状認識を揺さぶり、貧弱な予測をうち破って真に新しい何かを創り出すのだ。現実が仮面をかなぐり捨て、割れるはずのないものが真っ二つに割れ、1か6のどちらかでしかありえなかった数が7になる。自然はわたしたちを愚弄している。そしてわたしたちは、世界の外れにいて、世界が見えていない愚かなよそ者なのだ。

これが、放射能の発見にはじまる科学革命において、それまで自明だと思われていた多くのことが、じつは単にそう見えていたにすぎないとわかったとき、物理学者たちが抱いた率直な感想だった。「分割できないもの」という意味を持つ原子(アトム)こそ、あらゆる物質の素となる基本構成単位であると彼らが認識してすぐ、実はそれが原子核と、原子核のまわりを回る電子とからできていることがわかってしまったのだ。

その原子核も、まもなく陽子と中性子に分解する。それでもまだ究極の粒子には達していないらしいというので、しだいに加速器[*2]のエネルギーを上げて陽子と中性子を壊してみると、パイ中間子だの、ラムダ粒子だの、シグマ粒子だの、ロー中間子だのというやはり「基本的」な粒子があらわれ、今ではその数が400を超えている。

1970年代は量子力学の時代となり、これらのさまざまな構成要素の下位に、もっと基本的なクォークという構成要素が存在することが示された。ある種の粒子（バリオン）は3個のクォークに分解され、別の種類の粒子（中間子(メソン)）はクォー

第1章　偶然　057

ク1個と反クォーク1個に分解される。現在では6種類の異なるクォークが知られているが、歴史的にこの数がしだいに増えてきたことを考えると、もっと多くの種類があってもおかしくない。それとは別に、スピンが$\frac{1}{2}$で、クォークに分解しないレプトンと呼ばれる粒子がやはり6種類ある（そのうち電子とニュートリノはよく知られている）。スピンが1の粒子はといえば、光子、8種のグルーオン、3種のウィーク・ボソンをあわせて12種類ある。したがって物質の基本的な構成要素は24種類となり、観察された多種多様な粒子はすべてこれらの組み合わせで説明できるはずだから、今のところ素粒子の表は完全に埋まったようにみえる。

しかしそれも、もっと野心的な理論によってこの表がくつがえされるまでの話だ。物理学者たちは量子論と相対性理論の両方を包含する「大統一理論」の夢をあきらめていない。この夢の理論の完成にむかって一歩前進するたびに、素粒子物理学の風景は一変するのである。

わたしたちが現実世界の究極的な構成要素を手にしたと思うたびに、宇宙という壮大な建物を構成する基本のレンガは、オーラヴ王のサイコロのように割れる。卑近な例でいえば、それは獲物がたえず追手の手をすり抜けて、あの手この手で追手を笑いものにした昔のアニメ番組の追跡劇に似ている。追手の悔しさはよくわかるし、逃げられるたびに今度こそはと、しだいに巧妙な罠をしかける気持ちもわかる。だが彼がどんなに頑張っても、けっきょくは自分が自分でしかけた罠にはまってしまうのだ。テレビを観ているわたしたちは、追手がどんなに頑張っても、どうせまた失敗することを知っている。だが彼がひたすら成功を信じ、毎回あと少しというと

ころまで行くので、土壇場で絶好のチャンスがひっくり返されると、思わず作者の非情さに息をつまらせ、どんでん返しの見事さにうなってしまう。

こうしてわたしたちは、最後は逃げられてしまうことを承知の上で、自然が追跡の手をのがれる巧みさ、とくに偶然の使い方を鑑賞することになるのである。

　　＊註１：在位前336－23年。古代フリュギアの王ゴルディオスが結んだ結び目がフリュギアの首都ゴルディオンにあったが、これを解いたものはアジアを支配するといい伝えられていた。アレクサンダー大王はこの結び目を刀で両断して解決し、東方遠征に向かった。
　　＊註２：粒子を加速させて高いエネルギーを与え、さまざまな反応を起こさせる装置。

自然の中にひそむ偶然――量子力学の世界

量子力学の世界は、大きさの尺度が分子サイズになるあたりからはじまる。もっとも、それが巨視的領域まで闖入してくることもあり、そのときはわたしたち人間サイズの世界で超流動や超伝導のような現象が起こる。

量子論は二つ折りの屏風絵のようになっている。１枚目の絵は純粋に決定論的だ。物理的な系（ビリヤードの玉の運動や、太陽の周りを回る地球の運動など）の状態が時間とともに変化していくことを「時間発展」というが、１枚目の屏風に描かれているのは、分子や原子を含む微視的な系の時間発展である。専門的にいうと、これらの物理系はそれぞれ、ヒルベルト空間と呼ばれる無限次元空間の状態ベクトルによってあらわされる。系の状態を記述するのにヒルベルト空間の

助けを借りるのが量子力学の特性なのだ。

　もっとも物理学者たちは、このような記述の仕方に苦もなくなじめたわけではない。とくに独特の用語に違和感があり、たとえば「状態ベクトル」という言葉は「波動関数」という同義語があるためになかなか定着しなかった。

　しかし、大事なことは系の時間発展そのものが純粋に決定論的で、シュレディンガー方程式と呼ばれる微分方程式によって決定されるということである。ただその方程式のあらわす空間が、ふつうの有限次元空間ではなく、ヒルベルト空間と呼ばれる無限次元空間なのだ。完全に厳密であろうとすれば、宇宙全体をあらわすたったひとつの波動関数を考えなければならない。だが物理学では通常、古典力学と同じように近似をおこない、部分系のいくつかは少なくとも一時的には孤立しているとみなして、粒子系なら粒子系、原子系なら原子系、分子系なら分子系の波動関数があると考える。つまり、着目している部分系それぞれに固有の波動関数があると考えることになっている。

　2枚目の絵は純粋に確率論的で、そのテーマは観測という行為である。位置や速度、エネルギーや時間のような物理量を観測するということは、系を1枚目から2枚目に移すということだ。これについて説明しよう。

　量子力学において、観測の結果はくじ引きの結果に等しい。もう少し正確にいうとつぎのようになる。すなわち、1枚目において、系の状態ベクトルは、考察している物理量の「固有状態」の和としてあらわされている。そして、各固有状態には、この物理量によって決まる「固有値」とよばれる数値がひとつずつ対応している。ところが観測をおこなうと、不

思議なことに系の状態はこれら固有状態の和ではなく、そのうちのどれかひとつに決まってしまう。つまり、一定の規則にしたがってくじ引きがおこなわれ、ひとつの固有状態が選ばれるのである。こうして選ばれた固有状態に対応する固有値が系の観測値となり、この固有状態が観測後の系の固有状態となる。

したがって量子力学は、もし観測者がいなければ純粋に決定論的なはずである。わたしたちが情報を求め、観測をおこなうから、系の時間発展が乱れ、ランダムな要素が入ってくる。ということは、一度きりの観測で結果を予測することは不可能ということになる。量子論はせいぜい、起こりうるすべての結果と、それらがじっさいに起こる確率をあらかじめ教えてくれるにすぎない。

だからといって量子力学が正確でないとか、何も予測ができないとかいうことはできない。ただその予測が巨視的な現象をあつかい、多数回の測定をもとにした統計的なものになっているというだけである。正確さを欠いているというわけではないのだ。

一例をあげよう。電子の磁気モーメントという物理量があるが、その測定値が $1.00115965221 \pm 0.00000000004$ なのに対し、理論値（量子力学の理論から計算される値）は $1.00115965246 \pm 0.0000000002$ である。このことから精度は 4×10^9、つまり測定値と理論値のずれは4000キロメートルにわずか1ミリメートル程度にすぎないことがわかる。

  ＊註1：液体の粘性抵抗が消失する現象。
  ＊註2：物質の電気抵抗が消失する現象。

光子の奇妙な性質

このように量子論は、実際の物理現象についてきわめて精密な予測をあたえてくれるが、それにしても実に奇妙な理論である。今度はそのことについて述べてみよう。

今、点E（光源）から光子を発射し、スクリーン上の点Rでそれを見いだすとする。Eとスクリーンのあいだには衝立が置かれ、衝立にはAとBの2箇所に穴があけてある。幾何光学によれば、Rに光が届くためにはA、Bのうちどちらか一方はEとRをむすぶ直線上になければならない。

ところが量子論によれば、AとBがどこにあっても、とりわけ、二つとも直線ERの外にあっても、点Eから発射された1個の光子はつねにある確率で点Rに到達するという。そしてそれが実際、AとBにあけられた穴が十分小さいときに観察される事実なのだ。これが、光子は粒子なのだから直進するはずだという大ざっぱな直観に反するのはいうまでもないが、それよりもっと驚くべきことがある。

量子論によると、Rで見いだされた光子は、ある確率でAを通り、ある確率でBを通ってきたことはわかるが、実際にたどった道筋は確定できないというのだ。光子は素粒子、つまり本質的に分解不可能なのだから、どういう道筋を通ってきたかを問うのは自然なことではないだろうか。ところが実験を信じるかぎり、この問いには意味がないのだ。

というのは、光子がA、Bの両方を一度に通ってきたと考えるしかないような干渉縞をスクリーン上につくることができるからだ。それなら途中で光子を捕まえようというので、光子の通過を感知する装置をAとBに取り付けると、今度は

(R)

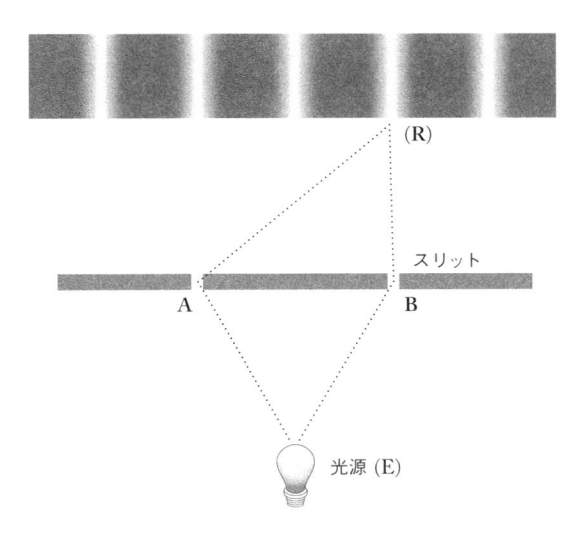

スリット
A　　　　B

光源 (E)

　AかBかのどちらか一方を通る（ひとつの探知器だけが反応する）が、干渉縞はなんと消えてしまうのである！
　つまり、観測装置をあいだに置くことによって現象が変わってしまうのだ。光子がA、Bのどちらを通るかを確定しようとすると、系を自然な時間発展とは別の状態に追いこむことになり、それによってランダムな要素を呼びこんでしまう。
　このことはたとえばつぎのように解釈することができる。観測をおこなうとき、系と観測者のあいだにはきわめて複雑な相互作用が働く。このとき、系にも観測者にも無関係なパラメーターが重要な役割をはたし、結果が統計的にしか把握できない——。
　だが、これはあくまで仮説にすぎないし、もしかしたら譬え話でしかないかもしれない。ただ、ひとつだけ確実なこと

がある。それは、量子力学では観測するとはくじを引くことに等しい、ということだ。

神はサイコロを振らない？

それでは、いったい誰がくじを引くのだろうか？

それは観測者ではないし、おそらく粒子でもないだろう。もちろん何らかの答は用意できるが、すべての人を満足させることはできないだろう。デンマークの理論物理学者ニールス・ボーアのように、不問に付すのもひとつのやり方である。

だがアインシュタインはあえてこの問いを突き詰め、「神はサイコロを振らない」といった。しかしそのように決めつけてしまうと、今度は、観測がくじ引きに等しいという見解が実は錯覚にすぎないことを証明しなければならなくなる。

そこで、アインシュタインとその弟子たちは、何とかして量子力学に「隠れた変数」が存在することを示そうとした。アインシュタインが最後まで主張していたテーゼはつぎのようなものだった。すなわち、わたしたちは量子系の状態を決定する変数をすべて知ることはできない。もしすべての変数がわかっていたら、系の時間発展や観測の結果はすべて——少なくとも短期的には——予言できるはずだ。しかし一部の変数はわたしたちから見えないところに隠されている。そして、ガラスのテーブルの下でトランプゲームを見ている人が、カードの裏面しか見えないためにゲームの展開がわからないのと同様に、わたしたちも隠れた変数を知らないために偶然が関与しているという錯覚を抱いてしまう、というのである。

しかしアインシュタインの深い信念にもかかわらず、隠れ

た変数があるという仮説は何の裏づけも得られなかった。理論の面では、フォン・ノイマンほか多くの人々が、隠れた変数を想定した理論は量子力学の基礎とは両立しないことを示そうとした。その結果、絶対的に両立不可能とまではいえなかったものの、そのような理論は量子力学と同じくらいパラドクスに満ちたものになるであろうことが明らかになった。

　実験的な面では、アインシュタイン、ローゼン、ポドルスキーがひとつのアプローチの方法（EPR思考実験）を提示していたが、かなり後になって、それが現実の実験で検証できるようになった。これは、物理学者ベルによってある不等式──隠れた変数があれば必ず成り立つ不等式──が発見されたおかげである。実験の結果はすべて否定的だった。したがって、量子力学に介入してくる偶然を、隠れた決定論に帰着させることは不可能だと考えざるをえない。

　一方、膨大な数の粒子にはたらく統計法則を適用して、人間サイズの世界を支配する巨視的な決定論を、量子力学的な偶然に帰着させることができる。したがって、どうやら偶然こそが自然の基本条件であり、究極のメッセージであるらしいのだ。

　そこでわたしたちは、巨大装置の助けをかりて素粒子のふるまいを探るほかはない。もしかしたらいつかは量子力学的な偶然が手なずけられ、それを載せた小さな装置が小学生の電卓やスロットマシンに内蔵されるようになるかもしれない。そうなれば、いかなる人為もおよばない純粋な偶然がかんたんに手に入るだろう。

　だが、この手なずけられた偶然はもはやわたしたちを驚かすことはできない。起こりうる結果はあらかじめわかってお

り、そのうちのどれかが選ばれるのを待つだけだからだ。このような未来においては、思いがけない事が起こったときの驚き、一気に新しい地平が開けたときの喜び、新しい局面にひそんでいるかもしれない危険への不安など、サイコロが割れて 7 があらわれたのを見て心に湧き起こるさまざまな感情を味わいたければ、新しい科学技術ではなく歴史にそれを求めなければならなくなるだろう。

第 2 章

運 命

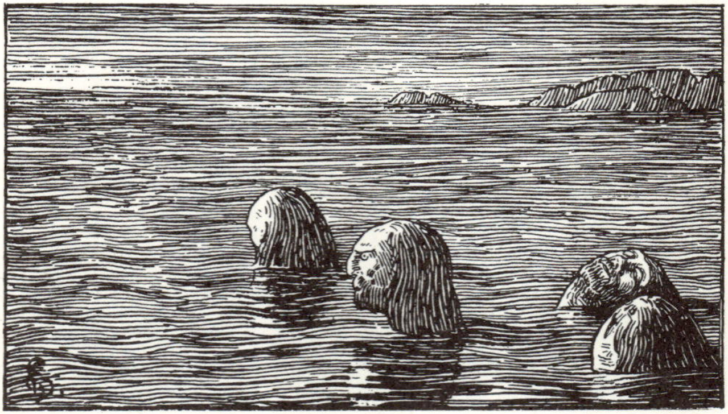

北欧では古代、さまざまな呪術や魔術がおこなわれていた。有名なのは、占いを主な目的としたセイズと呼ばれる儀式である。セイズは北方多神教の本質と深いつながりがある重要な術で、人々の生活に密着していた。しかしキリスト教の波が押し寄せ、こうした呪術や魔術は、しだいに姿を消していった。ノルウェーのキリスト教化をとくに強引に押し進めたのが、995年にノルウェー王に即位したオーラヴ・トリュグヴェソンである。

　オーラヴ・トリュグヴェソン王は、ノルウェー南部のトゥンスベリで民会(シング)を開き、今後公然と呪術や魔術にふける者、セイズを常習する者は、ただちに国外に追放するといい渡した。王の命令により、トゥンスベリの町やその周辺でこれらの術をおこなっていた者たちはひとり残らず探しだされた。そのなかにエイヴィンド・ケルダと呼ばれる男がいた。彼は、ノルウェー王国を統一したハラルド美髪王(びはつ)の子孫で、セイズや呪術の巧みな使い手だった。
　オーラヴ王は全員を大広間にあつめて饗宴(きょうえん)を張り、何ひとつ足らないものがないようにもてなし、強い酒をふるまった。そして魔術師たちが酔いつぶれると館に火を放たせた。館は焼け落ち、客たちも焼け死んだが、エイ

第2章 運命

ヴィンド・ケルダだけは屋根の煙突から逃げおおせた。

　町から落ちのびる途中で、彼は王のもとに行こうとしている数人の旅人に出会った。彼は旅人たちに、王に会ったら、エイヴィンド・ケルダは生きのびた、もう二度とオーラヴ王の手には落ちないし、これからもセイズはつづけるつもりだ、と伝えてくれるよう頼んだ。旅人たちは王のもとに着くと、エイヴィンドの言葉をすっかり王に伝えた。王はエイヴィンドが死を逃れたと知って悔やしがった。

　春になると、王は西に向けて出発し、ヴィクにある自分の領地に滞在した。王は、夏がきたら兵を募って国の北部に向かうつもりだ、と地域全体にふれまわらせた。それからアグデルの方へのぼっていった。四旬節（しじゅんせつ）*の終わり頃、王はロガランドをめざして旅立ち、復活祭の夜はカルム島のオグヴァルズネスで、300人の兵士とともにすごした。

　その夜、エイヴィンド・ケルダが軍船でこの島に到着した。船にはセイズの使い手をはじめ、あらゆる種類の魔術師が乗っていた。エイヴィンドと仲間たちは上陸すると、まじないをかけはじめた。彼らは王たちのまわりを濃い霧で包み、自分たちの姿が見られないようにした。

　ところがオグヴァルズネスまで来たとき、日が昇り、エイヴィンドの計画とはまるで別の事態が起こってしまった。かけたまじないが我が身にふりかかり、敵を包むはずの霧に包まれ、目で見ているのか後頭部で見ているのかわからないほど何も見えなくなってしまったのである。彼らはただ右往左往するばかりだった。

王の見張りの者たちがそれに気づき、上陸した者たちが何者かはわからなかったが、ともかく王に通報した。王は家来たちとともに起きて身支度をし、エイヴィンドたちのようすを見ると、兵士たちにむかって、ただちに武装して身元を問いただしにいくよう命令した。兵士たちは顔を見てエイヴィンドとわかり、仲間とともに引っ捕らえた。エイヴィンドは王の前につれていかれ、事の次第を白状させられた。

　オーラヴ王の命令で、魔術師たちは全員、満潮時に水中にかくれる岩礁(がんしょう)に縛りつけられた。こうしてエイヴィンドと仲間たちは非業の死を遂げた。それ以来、この岩礁は「魔術師の岩礁」とよばれている。

（『オーラヴ・トリュグヴェソンのサガ』63）

　　＊註：キリストの復活を記念する行事である復活祭に先立つ40
　　　　日間（ただし日曜日を除く）のこと。

　ノルウェー人ならだれでも、この陰鬱(いんうつ)な物語をよく知っている。わたしが祖父からゆずりうけた古い『ヘイムスクリングラ』[*1]の本には、エイリフ・ペーテルセンのすばらしい挿絵がついているが、そこに描かれたエイヴィンドは、こちらに横顔を向け、まるで彼の全人生が凝縮されたようなまなざしで、遠くからくる波を見つめている。そのまわりでは仲間たちが水に身を漂わせ、かなたでは海と空と陸とが輪郭のぼやけた水平線でひとつに溶けあっている。

　わたしは今でも考える。あのとき、おそらく彼にとって最初で最後の満ち潮が迫りくる中、岩に縛りつけられたこのプ

第2章　運命　071

ロメテウス*2は何を思っていたのだろう。彼の精神は煮えたぎる復讐心と仲間への哀れみを超越して、形而上学的な思弁にふけっていただろうか。

彼の頭の中に永遠の問いは浮かんだだろうか。なぜ物事はこうであり、別のあり方ではないのか、なぜ無ではなく、何かが存在するのだろうか、と。

*註1：スノリ・ストゥルラソンによるノルウェー王朝史。
*註2：ギリシア神話の登場人物のひとりで、人間に知恵と技術を与えたが、それがゼウスの怒りを買い、柱に鎧で縛られ、内臓を鳥に食われた。

世界に意味があるとは？

ウィトゲンシュタイン*1の不滅の定義によれば、世界とは起こることのすべて、つまり確認される事実のすべてであるという（『論理哲学論考』）。わたしたちが最初に体験するのは世界の不条理性、つまり、他のようではなく、まさにこのようにあるという、理屈も必然性もない、そのあり方である。

エイヴィンドにとって、この岩も、体を縛る縄も、満ちてくる海の水も、確固としてそこにある。それらすべてが彼の宇宙をなしており、彼はそこに自分の場所を見いださねばならない。

幼い子どもは何か新しいことを発見するたびに「どうして？」とたずねる。年をとって賢くなりすぎた大人は、沈思黙考してからこう答える。

薔薇に理由などありはせぬ。咲いているから咲いている。

我が身の姿は気にかけず、見られているかと問いもせぬ。
　　　　（アンゲルス・シレシウス*2『ケルビムの遍歴者』）

　しかし、わたしたちのまわりはすべてが不条理なのだろうか。それとも意味が入りこむ余地があるのだろうか。わたしたちはただ事実を確認しているだけでよいのだろうか。それとも理由を探し求めるべきなのだろうか。出来事はランダムに継起しているのだろうか、それとも世界は一定の規則にしたがって動いているのだろうか。
　人間はしばしば物事の自然なありようを嫌い、人によっては一生を捧げてまでそれを変えようとする。とすると、意味を探求することは人間が持って生まれた本能みたいなものなのかもしれない。
　だが、そんな話をはじめる前に、まず自然に目を向けてみよう。生命の起源からホモ・サピエンスにいたる進化の系統樹について考えてみれば明らかなように、自然においてはひとつひとつの生態系が規則性のオアシスである。つまり、そこではさまざまな種が厳密な論理的必然性によって結びついている。
　最初の二足動物が火をおこして以来、人類は自分の脳を使って世界の規則性を探し求め、それを利用して他の生き物の居場所を奪ってきた。このように規則性や意味を求めたのはもっぱら行動のため、それもおおむね攻撃的な行動のためだった。とすれば、人間の理性はさし迫った行動が必要でないことを考えるのは苦手なのだろう。いや、苦手どころか、そもそもそういうことを考えるようにはできていないのかもしれない。

第2章 運命

けれども、ここではとりあえず、考えるようにできているとして、ホモ・サピエンスの脳の中でどんなことが起こっているのか想像してみよう。彼の脳には、感覚器官からたえず、処理すべき情報が送られてくる。そして脳は、送られてきた情報を分析して特徴をぬき出し、いつでも同定できるようにする。原始時代のサバンナで、ホモ・サピエンスの網膜が光子の束を感受すると、脳はそこからさまざまな形をぬき出し、そこにたとえば食用植物の形を識別する。そしてその根を引き抜くよう命じ、一連の複雑な手続きを指図する。これによって植物は皮をむかれ、洗われ、煮炊きされ、ついには食べ物となるのである。

　こうした行動が成り立つためには、それこそ無数の規則を過去に蓄積していなければならない。そしてそれらが未来にも当てはまることを予期し、現在、そのような状況が生じているかどうかを識別できなければならない。これらの規則全体が、わたしたちにとって世界の（少なくとも実用的な）意味をなしているのだ。

　世界に意味がないということは、そこにいかなる規則も見いだせず、過去の理解も未来の予言もできないということである。それは完全なる不条理であり、そのような世界にあっては個々人の意識など、かりそめにも存在できるとは思えない。反対に、世界に意味があるとは、もしその意味が完全に理解できるなら、過去も未来も書物のようにわたしたちの前に開かれてあるということだ。

　　　＊註１：1889～1951年。ウィーン生まれ。分析哲学者。代表作
　　　　　に『論理哲学論考』『哲学探究』。
　　　＊註２：ポーランドの宮廷医師、詩人。1624～77年。

マックスウェルの悪魔に世界はどう見えるか？

　真実は両者の中間にある。つまり、世界は完全な無意味ではないが、意味のわかる部分は限られている。このため、わたしたちはある方向には行動できるが、他の方向にはどうするべきかまったくわからないのである。

　簡単な例を使ってこれを考えてみよう。まず、目や耳、鼻や手を通して脳に送られてくる感覚情報は、つぎのようにビット（0または1）が連なった数列の形にあらわされているとする。

$$0\ 0\ 1\ 0\ 1\ 0\ 0\ 0\ 1\ 1\ 0\ 1\ 1\ 0\cdots\cdots$$

　こんな仮定は奇妙に思われるかもしれないけれど、わたしたちはこの方法を使ってコンピュータと情報のやりとりをしているのである。たとえば、何かの絵をコンピュータの中に取りこむときに、どんなことがおこなわれるかというと、まず、ちょうど新聞紙に印刷された写真のように、絵を小さな点に分解する。それから、各点における色に2進法で番号を付ける。そうしてコンピュータに0と1のビット列を読みこませて、ディスプレイ上に絵を再現させるのだ。

　つぎにマックスウェル*から小さな悪魔を借りてきて、0と1からなる感覚情報をわたしたちの脳の代わりに読んでもらおう。この悪魔が受けとる情報はもっぱら感覚経路から届くものとし、感覚経路からは刻一刻と新しいビットが送られ、すでにわかっている数列につけ加わるとする。何しろ彼は悪魔なので永遠に生きられる。ということは、この世の終わり

には、0と1が無限につづく数列が彼のもとに届くわけで、そうしたらわたしたちはこの世界に意味があるかどうかを彼にたずねることにしよう。

　このようなやり方で問いを立てると、じつは大事な問題がいくつかぬけ落ちてしまう。たとえば知覚の問題（脳はどのようにして、届いた情報を分類しているのか）、あるいは行動の問題である（これはけっきょく知覚の問題にはね返ってくる。なぜなら脳はただ情報を受けとるばかりではなく、受けとった情報の確認や新しい情報の探索など、しかるべき行動を命じるからだ）。ただこの方法には少なくとも、答が返ってくるという利点があるので、ここではこの方法で考えてみることにする。

　もちろん、悪魔のもとに届いた無限数列が、0ばかりからなる、

$$0 0 0 0 0 0 0 \cdots\cdots$$

や、1ばかりからなる、

$$1 1 1 1 1 1 1 \cdots\cdots$$

なら、即刻、世界には意味があるという答が返ってくるだろう。

　同様に、もし数列に周期がある、たとえば、

$$0 1 0 1 0 1 0 1 \cdots\cdots$$

や、

　　　　　００１００１００１……

のように、０と１のまとまりが規則的にくり返すなら、これもまた、とても単純で見通しのよい世界ということになる。最後の数列の場合、世界の物理法則はつぎの三つである。

　１のあとには０がくる。
　(1,0)のあとには０がくる。
　(0,0)のあとには１がくる。

　一方、送られてきた数列が、同じ数字がつづく数列でも周期のある数列でもないときは、悪魔はその数列をいくつかのかんたんな規則に帰着させようとするだろう。なかには数列を眺めているうちにわかってくる規則もあるかもしれない。たとえば、

　　　　０１００１１０００１１１００００１１１１０００００……

や、

　　　　０１０００１１０１１０００００１０１００１１１００１０１……

のように。
　前者の場合、０と１の並び方は、１個の０のあとに１個の１、２個の０のあとに２個の１、３個の０のあとに３個の１、とい

うふうになっている。

　後者はD. G. チャンパーナウンが導入した数列で、ここには0と1を使ってつくられるあらゆる順列が書かれている。まず1個の数字からなる順列（0と1）が書かれ、次は2個の数字からなる順列（00と01と10と11）、その次は3個の数字からなる順列、4個の数字からなる順列、というふうに続いていく。順列の長さ、つまりそこに含まれる数字の個数が等しいときは、辞書式の順番にしたがって書くことにする。すなわち、まず0ばかりが並んだ00…0を書き、そのあと右から1を入れて00…01、00…10、00…11とつづけ、最後は11…1で終わるようにするのである。このようにすると、数列の最初の二つは0、1（1個の数字からなる順列）で、つぎに00、01、10、11（2個の数字からなる順列）がつづき、3個の数字からなる順列、4個の数字からなる順列……となる。

　この数列では、0と1からなる特定の順列は、一度きりではなく無限にあらわれる。たとえば10という順列は、もちろん2個の数字の順列の三番目にもあらわれるが、それだけではない。その前にも、1個の数字の順列としての1と、それにつづく00の最初の0が合わさって10があらわれるし、後ろのほうでは、3個の数字の順列010、100、110のなかにもあらわれる。それはまた4個、5個、6個の数字の順列にもあらわれ、数列が進むにつれていくらでもあらわれる。じっさい、隣りあった二つのビットをまとめてひとつのメッセージとみなすなら——このときメッセージの種類は00、01、10、11の四つ——10という長さ2（2ビット）のメッセージは、この無限数列に相対度数 $\frac{1}{4}$ であらわれることが示さ

れる。

　チャンパーナウンの数列はしたがって、連続するコイン投げの結果（裏か表か）を記した数列の主な特徴をすべて備えていることになる。つまり、どの長さのメッセージも、その長さだけによって決まる相対度数でこの数列にあらわれるのだ。

　たとえば、長さ1（1ビット）のメッセージは0と1の二つだから、これらはそれぞれ $\frac{1}{2}$ の相対度数で現れる。ヴィクトル・ユゴーの全著作は、0と1で書くと長さが約 10^9（10億ビット）のメッセージとなり、この長さをもつすべてのメッセージと同じように、$1/2^{1000000000}$ の相対度数であらわれる。$2^{1000000000}$ というのは約3億個の数字がならんだ数だから、この相対度数はかぎりなく0に近い。したがってそれに対応する出来事――チャンパーナウンの数列にユゴーの全著作があらわれるという出来事――が2回のビッグバンのあいだに起こる可能性はまずないだろう。

　しかし、わたしたちの悪魔は永遠を生きている。そこで彼は『レ・ミゼラブル』（ヴィクトル・ユゴー）を一度といわず、何度でもくり返し読めるのである。

> ＊註：マックスウェルは19世紀、スコットランドの物理学者。1871年に書いた『熱の理論』の中で、熱力学の第2法則に関して、想像上の悪魔を登場させて思考実験を展開した。

偶然を装う

　チャンパーナウンの数列はじつにうまく偶然を模倣してい

るので、もし生成の規則がこれほど見え透いたものでさえなければ、わたしたちもまちがえてしまうかもしれない。だがこの規則を少し複雑にすれば、観察者をじっさいに混乱させることも可能である。たとえばつぎにあげる簡単な式にしたがって、数列 $X_1, X_2, X_3, \ldots X_n, \ldots$ を計算してみよう。

$$X_{n+1} = 1 - \mu X_n^2$$

パラメーター μ の値を1.5、初期値を $X_0 = 0$ とし、この式に代入して $X_1, X_2, X_3, \ldots$ の値を順に書き出していくと、最初の12項はつぎのようになる。

$X_1 = 1$ （$1-1.5 \times 0^2$）

$X_2 = -0.5$ （$1-1.5 \times 1^2$）

$X_3 = 0.625$ （$1-1.5 \times 0.5^2$）

$X_4 = 0.414\ 062\ 5$ （$1-1.5 \times 0.625^2$）

$X_5 = 0.742\ 828\ 369\ 1$ （以下同）

$X_6 = 0.172\ 309\ 021$

$X_7 = 0.955\ 464\ 401\ 9$

$X_8 = -0.369\ 368\ 335$

$X_9 = 0.795\ 350\ 549\ 6$

$X_{10} = 0.051\ 126\ 254\ 79$

$X_{11} = 0.996\ 079\ 159\ 1$

$X_{12} = -0.488\ 260\ 536\ 8$

こうして各項が計算できたら、それが負の数のときは0、正の数のときは1でおきかえる。するとはじめの12項は

1 0 1 1 1 1 1 0 1 1 1 0

となり、このあとも同じようにつづけると、第13項から第42項まではつぎのようになる。

1 1 1 1 1 0 1 1 1 0 1 0 1 1
1 1 1 0 1 1 1 0 1 0 1 1 1 1 1 0

　こうなるともはや生成の規則は明らかではなく、見ている人はこれを各回独立なくじの結果を並べたものだと思うかもしれない。そこで彼は最初の数項をとって、0と1の個数を実際に数えておのおのの頻度（これを経験相対度数と呼ぶ）を出し、それらをもとに統計計算をしてみるだろう。

　たとえば最初の42項をとると、そこには0が10個、1が32個あるから、0の経験相対度数は $\frac{10}{42}$、1の経験相対度数は $\frac{32}{42}$ となる。もし彼に統計学の心得があれば、独立性の仮定のもとにいろいろなメッセージの理論相対度数を計算し、経験相対度数と比較するだろう。たとえば、くじ引きが各回独立におこなわれ、なおかつ $\frac{10}{42}$ と $\frac{32}{42}$ という相対度数が数列全体でも成り立っていると仮定すれば、01というメッセージがあらわれる理論相対度数は $\frac{320}{1764}$（＝$(\frac{10}{42}) \times (\frac{32}{42})$）＝約0.18）、10の場合もそれと同じ $\frac{320}{1764}$ で、00があらわれる理論相対度数は $\frac{100}{1764}$（＝約0.06）という計算になる。

　つまり、この数列もチャンパーナウンの数列と同じく、独立な連続くじ引きの結果をあまりにも上手に真似ているので、相対度数の理論値と経験値がきわめて近くなり、観測者はこ

れが偶然の数列だという誤った確信を深めてしまうのだ。

　彼は世界に意味を見いだしたが、それは確率論的な意味である。本当は決定論が後ろに隠れているのだが、そのことは彼には見えていない。だから彼は、すべての現象は微視的レベルでは偶然に支配され、物理法則は統計的なものでしかありえないと思っている。

　それでは、悪魔に世界はどう見えるだろうか。悪魔には人間の物理学者とは違って知的限界がない。何なら悪魔を全知の存在にしてやってもよい。そうすれば彼は数列、

　　　1 0 1 1 1 1 1 0 1 1 1 0
　　　1 1 1 1 1 0 1 1 1 0 1 0 1 1
　　　1 1 1 0 1 1 1 0 1 0 1 1 1 1 1 0……

を見て、そこから逆に $X_{n+1} = 1 - \mu X_n^2$ という法則をさぐり当てることができるだろう。悪魔にとって、世界は完全に決定論的である。パラメーター μ の値（この場合は1.5）と初期値 X_0（この場合は0）によって、すべてが決まってしまう。いいかえると、μ の値と初期値だけがこの世界の不条理ということになる。答のない問いはただひとつしかない。なぜ世界は別の世界ではなくこの世界なのか、つまり、なぜ別の値ではなくこの値なのか。だが、ひとたび μ の値と初期値が知られれば、世界にはもはや不測の出来事など何もない。数列の項の変化は見かけにすぎず、その果てしなさも幻想でしかない。すべてを知るには μ と X_0 の値さえわかればよい。もし悪魔が仲間にこの数列の最初の42項を送りたければ、上に掲げた1と0の並びを逐一書き写すよりも、「$\mu = 1.5$, X_0

＝0」というメッセージを送るほうが——もちろん相手が $X_{n+1} = 1 - \mu X_n^2$ という公式を知っているとしてだが——はるかに手っとり早いのである。

純粋に不条理な世界

それでは今度は意味のない世界、つまり純粋に不条理な世界とはどのようなものかを考えてみよう。わたしたちのモデルでは、それはつまり０と１が無限につづく数列のうち、悪魔でさえ降参するようなしろものである。それはただそこにあり、いかなる決定論的な手続きをもってしても生成することはできない。この場合、まずつぎのことがわかる。すなわち、そのような数列はそのまま書き写すよりほかに表す方法がない。たとえば最初の30項がつぎのようにあたえられたとする。

　　０００１１０１１０１１１１０００１０１０１０００１００１１……

ここでわたしは、まだ続きがあることを示すために「……」と書いたが、第31項が０であることは誰にも推測できない。なぜなら不条理な数列の定義により、第31項が０であることは、そうであることがわかったときに確認するしかない事柄であって、先行する項の値から導かれるのではないからだ。第31項を伝える唯一の方法は、それを書くことだ。したがって最初の100万項を伝えるには100万個の０か１が必要であり、そのつぎの100万個を伝えるにはまた別の100万個が必要である。ボルヘスがアルゼンチン国立図書館の棚にそっと置いて

きた、無限のページからなるあの『砂の本*¹』がなければ、数列全体を伝えることはできない。さいわい、悪魔はその本を見つけたので、数列の項をすべてそこに注意深く書き写すことができるのである。

こうしてわたしたちは不条理の定義に近づいた。ある無限数列が不条理であるとは、すべての項をもれなく書き写すよりも手っとり早い定義が存在しないということだ。

さらに、わたしたちはそのような不条理な数列のうち、人間の尺度でも不条理な数列しか考えないことにする。というのは、不条理な数列の前に 10^{1000}*² 個の 0 をつけ加えても、やはり不条理な数列になるが、わたしたち人類はそれに気づく前に死んでしまうと思われるからだ。最初の 1 が現れるまでに 0 ばかりがあまりに長くつづくので、能力にも寿命にも限界がある人間の目には、この数列は 0 だけで作られた数列に見えるのである。それがじつは不条理な数列であることが見抜けるのは、永遠を一度に見渡せる悪魔だけだ。

> *註1：1975年の短編集『砂の本』所収の同名の短編で、図書館長をしていたボルヘスのもとに、無限のページからなる本が持ちこまれたという幻想的な物語が描かれている。
> *註2：膨大な個数の 0 という意味。10^{1000} 個というと、知られている宇宙の粒子をすべて集めた数より多い。

メッセージのエントロピー

ここで少しばかり考えを厳密にする必要がある。マス目が1列に印刷された細長い紙テープがあって、各マス目に 0 または 1 という数字を書きこんでいくとしよう。長さNのメッ

セージがあるとき（たとえば数列の最初のN項）、それを別の場所にいる誰かに伝えるための最も素朴な方法は、そのまま書き写すというやり方である。それにはN個のマス目が必要だ。

　だがもっと巧いやり方もある。このメッセージに含まれる0と1の個数を先に相手に伝えておくのだ。0と1の個数を2進法であらわすには、それぞれ高々$\log N$個[*1]のマス目が必要だから、個数を伝えるだけで高々$2\log N$個のマス目を使うことになる。しかしその分、0と1を使ってつくられるメッセージは限定されてくる。つまり、0の個数をn_0、1の個数をn_1とすると、それらを使ってつくることのできるメッセージは、

$$\frac{(n_0+n_1)!}{n_0!\,n_1!} \qquad (n_0+n_1=N)$$

個しかない。そこでつぎは、伝えたいメッセージがこれら$\frac{(n_0+n_1)!}{n_0!\,n_1!}$個のメッセージの何番目に当たるかを教えてやればよい。そのために必要なマス目の数は、高々$\log\left\{\frac{(n_0+n_1)!}{n_0!\,n_1!}\right\}$個である。そこでけっきょく、長さNのどんなメッセージも、Nが十分に大きいときは、高々

$$-N\left\{\left(\frac{n_0}{N}\right)\log\left(\frac{n_0}{N}\right)+\left(\frac{n_1}{N}\right)\log\left(\frac{n_1}{N}\right)\right\}$$

個のマス目を使って伝えられる、ということになる（ここでn_0はメッセージに含まれる0の個数、n_1は1の個数であることを思い出そう）。

　この式をNで割った量はよく知られている。これは、伝え

たいメッセージのエントロピーとよばれる量で、情報理論の創立者、C. E. シャノンによって定義された[*2]。シャノンのエントロピーは正の数で（対数の値は負であり、これに冒頭のマイナス記号がついて正になる）、各メッセージから（そのメッセージの）n_0 と n_1 を知っている相手に送られる情報量をあらわしている。これは 0 と 1 の経験相対度数 $p_0 = \dfrac{n_0}{N}$, $p_1 = \dfrac{n_1}{N}$ をもちいて、つぎのように書き直すことができる。

$$-(p_0 \log p_0 + p_1 \log p_1)$$

二つの相対度数が等しい、つまり $p_0 = p_1 = \dfrac{1}{2}$ のときは、エントロピーは 1 となり、メッセージを送るために N 個のマス目が必要なことがわかる。これは数列をそのまま書き写すのと同じことであり、上に述べた方法を使っても何の得にもならない。

しかし、二つの相対度数が異なるとき、たとえば $p_0 = \dfrac{1}{3}$, $p_1 = \dfrac{2}{3}$ なら、エントロピーは 0.9182958343 となるので、0.9183×N 個のマス目があればメッセージを送ることができ、N 個のときとくらべて 8 パーセント余りの得になる。

メッセージに 0 しか含まれない（あるいは 1 しか含まれない）場合、エントロピーは 0 である。0 ばかりのメッセージはひとつしかないから、相手が $p_1 = 1$ であることを知っているときは、それ以上情報を送る必要はない（なぜなら、送る前から相手にはメッセージの内容がわかっているのだから）。その意味で、0 ばかりのメッセージから送られる追加の情報量はたしかにゼロである。逆に、$p_1 = \dfrac{1}{2}$ であることが知られているときは、可能なメッセージは膨大な数に上り、その

中のどれがじっさいに送られるかはきわめて重要な情報となってくる。

> *註1：logN はここでは 2 を底とする N の対数を意味する。logN の増大のしかたは、N にくらべてはるかに緩慢である。N が大きいとき、logN は N を 2 進法で書くときに並べる数字の個数にほぼ等しい。$\log 1 = 0$、$\log 2 = 1$、$\log \frac{1}{2} = -1$、$\log 2^n = n$ である。1 より小さい数の対数は負の数になる。エントロピーの式にマイナス記号がついているのはこのため。
> *註2：C. E. Shannon, ≪A mathematical theory of communication≫, Bell System Technical Journal, 27, 1948, p.379-423, p.623-656（シャノン「伝達の数学理論」、ベル・システム技術ジャーナル、27号、1948年）。A. I. Khintchine, Mathematical Foundations of Information Theory, Dover, New York, 1957（ヒンチン、『情報理論の数学的基礎』、1957年）

情報理論を使った不条理な世界の定義

さてこれで準備がととのったので、いよいよ、完全に不条理な世界——規則というものがまるでなく、予言が不可能な世界——とはどのようなものでなければならないかを、きちんとした形で述べることにしよう。それは、完全に不条理な世界からわたしたちに送られてくるメッセージが、圧縮不可能でなければならない、ということだ。いいかえると、例の悪魔が書いていく数列の最初の N 項は、N 個のビットを使ってしか伝えられないようなものでなければならない。数学の言葉でいえば、エントロピーが 1 に等しくなければならない。もっと正確にいえば、メッセージが長くなるにつれてエ

ントロピーが1に近づかなければならない、ということである。

　ここで厄介な問題が生ずる。規則のない世界は、ところどころできわめて規則的にならざるをえないのだ。たとえば、不条理な数列は0が1000個並んだ部分をどこかに必ず含んでいる。さもないと、その数列は「0は1000個並んではならない」という決まりにしたがっていることになり、そこから「0が999個並んだら、そのつぎには必ず1がくる」という、決して外れない予言が引きだせるからだ。しかもこの1000個の0の並びは何回でも際限なくあらわれる。もしそうではなく、たとえば77回しかあらわれないとすると、77回目がすぎたとたんに、上と同じ規則「0が999個並んだら、そのあとは必ず1がくる」が成り立ち、その先は確実な予言ができてしまうからだ。

　だが、0が1000個並んでいるような規則的な列は、逐一書き写すよりずっと手っとり早い方法で伝えることができる。「これこれの場所から0を1000回数えること」といえばよいのだ。この種の規則性のため、最初のN項はマス目がN個なくても伝えられてしまう。そこでエントロピーはどうしても最大値の1には到達しないのである。

キーボードをデタラメに叩く猿

　今度は、0と1のかわりに文字を並べ、たとえば猿がパソコンのキーボードを叩いているところを想像してみよう。画面に出てくるのは文書であり、しかも猿が永遠に叩きつづけるなら、それは果てしない文書である。たいていの場合、こ

の文書には意味がないだろう。だが、ときどき「きはてとたひの」や「まもななちさみもにふま」のような意味をなさない文字の羅列に混じって、意味のある単語――多くは「なつ」のように短いが、ときには「なつやすみ」のような長い単語――が偶然あらわれる。完全な文があらわれることは滅多にないだろうが、何しろ悪魔は永遠の時を生きている。時がたつうちにいつかは『レ・ミゼラブル』の最初の文があらわれ、いつかは最初のパラグラフがあらわれ、最初の章、作品全体があらわれ、それが2回連続してあらわれ、4592回連続してあらわれるはずだ。そうする間にも他の作品が書かれ、その中にはこの本も含まれ、この文を書いている今はまだわたしも知らない第3章以降の章も、他の人々がこれから書くであろう本も含まれているだろう。

悪魔が『戦争と平和』（トルストイ）や『レ・ミゼラブル』を知らないとすれば、彼はこの文字列によってはじめてそれらを読むことになり、その経験をもとに、これらの作品がふたたび出てくるたびに、はじめに読んだのと同じものであることが識別できるだろう。そして、テクストをそっくり書き写して送るかわりに「この場所にはこれこれの作品をもう1回」と記せば、メッセージを大幅に短縮することができる。このような文句が挿入されるたびにエントロピーは減少し、逆に支離滅裂な文字の羅列がつづくたびにその値は1に近くなるのである。

これでようやく最終的な定義にたどりついた。0と1からなる無限数列は、Nが大きくなるにつれて最初のN項のエントロピーが限りなく最大値1に近づくときに不条理といわれる。いいかえると、不条理な数列の最初のN項を伝えるため

には、N個より少ないがN個に非常に近いマス目が必要である、ということだ。この定義は、確率論の基礎を築いたロシアの大数学者 A. N. コルモゴロフ（1903〜87年）によってあたえられた。この種の問題を分析するためにエントロピーをもちいたことは、彼の残した輝かしい業績のひとつである。彼が最初にあたえた不条理の定義には非常に扱いにくいところがあったが、それも最終的にはスウェーデンの数学者 P. マルティン=レーフによってとり除かれた。

決定論的モデルと確率論的モデル

というわけで、コルモゴロフとマルティン=レーフの定義した不条理な数列は、規則のないことが唯一の規則であるような世界を定式化したものになっている。ただし、注意しなければならないのは、このような数列は当面は純粋に論理だけで構築されたものであり、第1章で見たようなくじ引きによって得られる偶然、確率論的な計算のできる偶然とは関係がないということである。

この点を強調したいがために、これまでこれらの数列を、コルモゴロフやマルティン=レーフのように「ランダム」とはいわず、「不条理」と表現してきたのだ。もちろん「不条理」な数列は、前の項から後ろの項を推測する方法もなければ、最初のN項に含まれる情報を圧縮する方法もないから、その意味では確かにランダムではある。だがそれらは、確率論の古典的なモデル（サイコロやコイン投げ）のように、一定の法則にしたがう独立な連続くじ引きの結果として得られたわけではない。

ところが何と驚いたことに、これら二つの見方が合流するのである。コルモゴロフは鋭い直観によって、これまで述べてきた不条理な数列が、確率論的な意味でランダムな数列になっていることを見抜いていた。じっさい、コルモゴロフとマルティン＝レーフの意味で不条理な数列では、そこからどのような方法で標本(サンプル)をとり出しても、0と1の相対度数はつねに$\frac{1}{2}$に近くなるのだ。

　この性質が意味するところをよく考えてみよう。それはたんに、Nが十分大きいとき、不条理な数列の最初のN項に含まれる0と1の個数がほぼ等しく、Nが大きくなるほど0と1の割合がそれぞれ$\frac{1}{2}$に近づくというだけではない。最初のN項にかぎらず、どのような方法で標本をとり出しても、それらはすべて同じ性質をもつ、つまり標本に含まれる0と1の相対度数はつねにほぼ等しい、といっているのだ。

　たとえば0と1が交互にくり返す数列01010101…を考えてみよう。この数列の0と1の相対度数はつねに$\frac{1}{2}$に近いが、奇数項だけをとってつくった標本は00000…という定数列になり、0の相対度数は1、1の相対度数は0になってしまう。そこで、この数列はコルモゴロフの意味で不条理ではありえないことがわかる。

　それではチャンパーナウンの数列はどうかというと、つぎのような方法で標本をつくることができる。まずこの数列の3項目をとり、つぎに$3+2^2\times 2=11$項目、$11+2^3\times 3=35$項目、$35+2^4\times 4=99$項目……というふうにとっていく。つまり、($n-1$)番目に元の数列のr項目をとったら、n番目には($r+2^n\times n$)項目をとるのだ。すると標本は000…0という定数列になり、チャンパーナウンの数列もコルモゴロフの意味で不

条理ではないことがわかる。

　ここで断っておかなければならないのは、「どのような方法で標本(サンプル)をとり出しても」といっても、元の数列から項をとるとき、その値があらかじめわかっていてはいけない、ということである。つまり、元の数列のどの項をとるか決めるとき、それが元の数列の何項目に当たるかだけを知って、値を知らずに、とるかどうかを決めなくてはならない。まず最初のＮ項を全部とってから１だけを捨て、０ばかりの標本をとり出したなどといってはならないのだ！　コルモゴロフの意味で不条理な数列の場合、このような違反をしないでとり出された標本の０と１の経験相対度数はつねに$\frac{1}{2}$に近くなる。そればかりかこれらの数列は、もっとこみ入った統計検定にも合格する。じっさい、それらはまさに同様に確からしい独立な連続くじ引きの結果そのものといえるくらい、人知を絞ってつくったさまざまなテストに対して、いかにもそれらしいふるまいを見せる。だから、実用的にはランダムな数列として扱っても問題はないのである。

決定論的モデル vs 確率論的モデル

　要約しよう。わたしたちは極端から極端へと移ってきた。一方の端には、アルゴリズムにしたがって機械的に生成された数列がある。事情をよく知らない観測者にとってはランダムに見えることもあるが（決定論的カオスではそのようなことが起こる）、この数列のあらわす世界は完全に決定論的であり、過去から未来を予測することが原理的には可能である。

　もう一方の端には、不条理な数列がある。その世界には意

味というものがなく、規則のないことが唯一の規則であり、どんなに過去をさぐっても未来への手がかりはまったくつかめない。

ところが何と驚いたことに、そこに別の合理性が出現する。決定論的な規則をいっさい受けつけないこの世界が、確率論的な計算にはおとなしくしたがうのである。個々のくじ引きの結果は決して予測できないようにつくられているこれらの不条理な数列が、統計学的な予測には道を開いているのだ。こうして決定論的モデルの対極には確率論的モデルがあらわれる。わたしたちの世界理解はこれら両極端のあいだを揺れ動いている。一方から遠ざかれば、もう一方へと近づく。厳密に非決定論的な世界とは、完全に確率論的な世界でなければならないのだ。

熱力学第2法則の意味

それでは、冒頭の物語で見たエイヴィンド・ケルダが死に、わたしたちが生きるこの世界とは、いったいどのような世界なのだろうか。偶然から必然へといたる梯子のどこに世界を位置づければよいのか、わたしたちにはわからないが、意外なことにそれは大した問題ではない。究極の素粒子が確率計算によって記述されるからには、世界は統計の法則にしたがうはずだ。そこで、たとえ微視的レベルでは不確実で独立な出来事でも、たくさん集めて巨視的なレベルで眺めれば、統計学を用いることで結果をほぼ確実に予測できる。だからわたしたちにとっては決定論が経験的事実となるのだ。

エイヴィンドは15分後におとずれるであろう自分の死を予

言することができる。たしかに、満ちてくる潮は無数の分子からなり、各々の分子は確率論の計算にしたがう。しかし、その数があまりにも膨大なので、個々の分子のランダムな動きがひとつの避けがたい確実な現象をつくりだすのだ。満ち潮が岩の手前で止まったり、あるいは反対に盛り上がって、王と軍隊をのみこんだりする幸運は望めない。どちらの出来事も起こる可能性がないとはいえないけれど、じっさいにはまず起こらないと考えてよい。これが熱力学第2法則の意味である。

現在、わたしたちの宇宙は構造化され、秩序だった姿をしている。原初のスープ状態を考えると、ほとんど奇跡が起こったようなものだが、ともかくそれは存在し、今後はこの状態を起点として、統計法則にしたがって時間発展をとげていくはずである。

最終的には元のスープ状態に戻るだろうが、元に戻るといっても、やみくもに戻るのではない。現在の宇宙をつくったような奇跡が今後も起こり、ほとんどありえない出来事の後に、もっとありえない出来事が起こって、さらに……という状況が永遠につづくなら別だが、そうはならないとすれば、巨視的レベルでは統計法則にしたがうために、もっとも起こりそうなことが起こると予測しなければならない。別の表現をすれば、きわめて小さい値ではじまった物理系のエントロピーは、最大値に向かって増大しなければならない、ということになる。

このことを理想気体の理論のなかで定式化したのが19世紀末の物理学者ボルツマンだった。彼は、閉じた系の中の膨大な数の気体分子がそれぞれランダムに動くという、いわゆる

「分子的混沌」仮説を立てた。そしてこの仮説の統計的な結果として、巨視的レベルではエントロピーが増大することを示したのである。

聖アンセルムスの神の存在証明

決定論を避けることはできないだろう。世界は完全に支離滅裂なのだといって戸口から追い出しても、今度は統計法則のなりをして窓から入ってくる。その正体はわからない。魔術なのか、数学なのか、アナロジーなのか、力学なのか。しかし決定論が存在すること自体は論理的必然として、コルモゴロフとその弟子たちにより反論の余地なく示されたように思われる。

ところで、10世紀ほど前、カンタベリー大司教の聖アンセルムスが、コルモゴロフらとは異なる形式主義のよそおいのもとに、神の存在を証明した。それによると、まず定義により、神は至高の性質をすべてそなえている。つぎに、至高の性質の筆頭は存在することである。したがって神は存在する。スコラ哲学ではこれを、神の存在はその本質に含まれている、と表現する。これと同じ論法を用いれば、決定論の存在も証明できてしまうだろう。まず、決定論の本質は数学的問題である。つぎに、数学的問題は存在する。ゆえに決定論は存在する、というふうに。

だが現代に生きるわたしたちは聖アンセルムスの証明には納得できない。それはわたしたちが事実の確認と理論の構築を区別することに慣れているせいである。事実として存在することと、理論の上で存在することをはっきり分けて考える

のだ。

　現代人は二元論者で、物質的に存在する宇宙と、知性を働かせて作り上げた宇宙像とを厳格に区別している。これら二つの関係を考えることは、じつはわたしたちと世界との関係を考える上できわめて重要なことなのだが、現代人はこれにはあまり関心を払わない。どちらかを選ばなければならないときは、物質的宇宙のほうを選ぶだろう。理論より事実のほうが大事なのだ。だからこそわたしたちは、何かが事実として存在することを証明するなど不可能だと深く確信しているのである。

聖アンセルムスの誤り

　それでは聖アンセルムスの証明はどこがまちがっているのだろうか。ひとつの答は、過ちは議論の前提にある、というものだ。つまり、神が至高の性質をすべてそなえているとか、そのような性質のひとつが存在することであるというのが、そもそもおかしいというわけである。

　しかしわたしはもっと直接的に、存在の問題にとりくみたい。数学では、存在の概念が形式化されており、そこから、存在するものは相反する性質を同時にもつことはできない、という結論が引き出せる。逆にいえば、相反する性質を同時にもつものは存在しえない、ということだ。

　たとえば、$\sqrt{2}$ が有理数でないことの証明を考えてみよう。$\sqrt{2}$ は2乗したときに2になる数であり、有理数とは既約分数であらわせる数のことである。今、$\sqrt{2}$ が有理数だと仮定すると、$\sqrt{2}$ に等しい既約分数 $\frac{p}{q}$ が存在するはずだ。すると、

p.110に示した議論によって、分母の q は偶数でも奇数でもあることが導かれる。つまり q は偶数であると同時に偶数ではないということになる。そこで、存在の概念に照らして q の存在は否定される。こうして $\sqrt{2}$ に等しい規約分数は存在しえない、つまり $\sqrt{2}$ は有理数ではないという結論にいたる。結論を否定して矛盾を導く、このような方法を背理法という。

　わたしの考えでは、聖アンセルムスの証明は背理法の前半部にあたる。とすれば、最終的な結論は神の非存在でなければならない。たしかに、後半部はまだ誰も証明していないから決定的な矛盾は生じていないけれど、神の存在に対する疑念は根強く残っており、いつか決着がつくとすれば、非存在という結論でしかありえない。たとえば、古代ギリシアか古代バビロニアに、$\sqrt{2}$ を初めて既約分数 $\frac{p}{q}$ の形で研究した数学者がいたとしよう。もしかしたら彼は、大変な苦労の末に、分母 q が偶数になることを証明したかもしれない。彼はそれを定理だと思っただろう。だが、彼のライバルか後継者が、この分母が奇数でもあることを証明したとき、その定理は崩れたはずだ。

　それと同じように、神が至高の性質をすべてそなえているという同じ前提から出発して、神が存在しないという正反対の結論にたどりつく可能性もないとはいえない。そのときは、論理的必然によって、神は存在しないと結論するほかはないのである。

数学は、不条理を超越できるか？

　聖アンセルムスの時代から何世紀もたち、形式論理学が十

分に進歩した今、わたしたちはこの手の罠にはかからなくなった。だから、ひたすら数学的推論を押し進めることによって決定論を普遍的な法則としたかにみえるコルモゴロフの分析が、いっそう隙のないものとなっている。論理的な面だけをみれば、その正しさはまちがいない。こうなると、世界の限りない多様性はいくつかの定理によって規定されているという、プラトン哲学の思想を受け入れざるをえない。物はさまざまに在り、事は移り変わる。しかしこれらはすべて数学によって決められているのだ。とすると、数学が不条理に限界をもうけていることになる。なぜなら数学は明らかに事実の世界ではなく、理論の世界に属しているからだ。数学に別のありようは考えられないし、物理的宇宙そのものも数学の法則に縛られている。

　そこでわたしたちは、数学なら世界の不条理を超えられるのではないかと思いたくなる。物理学者も、技師も、経済学者も、数学の威力を証言しているではないか。いつの日か世界はすっかり解明されるにちがいない。そのときはじめて、人間は不条理を手中におさめたといえ、宇宙のことが手にとるようにわかるようになったといえるだろう。物理学者は一般相対論と量子論を統一し、精神分析家は無意識の法則を解明する。そして人類はこう叫ぶだろう。「なるほど！　物事がこうなのは、それ以外のありようがなかったからなのだ！」。

　ところがそのとき、どこかでつぶやく声が聞こえてくるだろう。それでは話がうますぎる。なぜ、宇宙の片隅に囚われたちっぽけな生物種の脳の活動に、それほど特別な地位をあたえるのか。なぜ数学は偶然から逃れられるのか。数学がよりどころとする必然そのものは不条理ではないのか。数学は

この地球における今日のありようと別のありようができたのではないか、と。

一見、数学に不条理が入りこむ余地はなさそうに見える。数学では、いかなる真理も必然によって導かれる。事実の確認もなければ、権威の押しつけもない。

ユークリッド以来、数学者はみなこの学問につぎのようなイメージを抱いてきた。すなわち、数学はいくつかの簡単な公理（公理系）にもとづいており、それらを一定の論理の規則にしたがって組み合わせると他の命題が証明できる。公理は万人にとって自明な真理であるから、それらを使って証明された命題もやはり真理となる。こうして真理は次々と広がっていき、その全体が数学をなしている。数学はこのように純粋な論理的必然にもとづいており、外の不条理な世界とは別ものである。それは偶然や歴史の外にあり、それらから守られている——。

ゲーデルの不完全性定理

ところがこのイメージはまちがっていることが、1930年、クルト・ゲーデルによって証明された。その翌年に発表された有名な定理のなかで、彼はつぎのようなことを証明している[*1]。つまり、いかなる公理系でいかなる規則がなりたっていても（ただし規則の数は有限とする）、この系のなかでは真であるとも偽であるとも証明できないような、自然数にかんする命題をつくることができる。いいかえると、真であるにもかかわらずそのことが証明できない数学の命題がある、ということだ。わたしたちにできるのはそのような命題がある

ことを確認することだけで、そのためには途方もなく大きな数までよく見渡せなくてはならない。

　マックスウェルの悪魔なら、無限の自然数を一目で見渡せるから、ある性質の真偽をたちどころに確かめることができる。だが人間にはそんなことはできない。自然数にかんする性質を「自分の目で」確かめることができるのは、その数があまり大きくないときだけだ。[*2]数が大きすぎるとき、その性質が真であることを確かめるための唯一の方法はそれを証明することである。しかし証明ができなかったとしても、その性質が偽であると結論することはできない。もしかしたら考え方がまずかっただけで、誰かもっと頭のいい人、または運のいい人がうまい方法を見つけるかもしれないからだ。

　数学は予想に満ちている。数学でいう予想とは、おそらく真だろうといわれながら、長い間——ときには何世紀もまえから——真偽の決着がついていない命題のことをいう。ゲーデルの定理は、それらのなかに真偽の決着が永久につかないものがありうることを示した。そればかりではない。考えている公理系のなかで真偽の決定ができない命題をつくる方法を明示したのだ。そこでその命題を新しく公理としてとりいれ、既存の公理につけ加えて新しい公理系をつくると、今度はその新しい公理系がまた別の決定不可能な命題を含み、それを先ほどつくった公理系につけ加えて、さらに新しい公理系をつくると、またそれが決定不可能な命題を含み……というふうに果てしなくつづいていく。

　ところで新しい公理系をつくろうとするたびに、道は二つに分かれる。ある命題が決定不可能ならば、それを否定した命題も決定不可能なので、どちらを公理としてとりいれるか

で選択の余地が生まれるのだ。元の命題を選ぶか、それともその否定命題を選ぶかによって、2通りの異なる数学ができる。どちらもその内部では完全につじつまが合っているが、両方を同時に成り立たせることはできない。ゲーデルの定理は、どれも同じ必然の子でありながら互いに相異なる数学が、無限に存在することを決定的に証明したのである。

＊註1：ナーゲル、ニューマン『ゲーデルは何を証明したか』(白揚社)参照。
＊註2：たとえば2006年1月現在知られている最大の素数は$2^{30402457}-1$である。

数学に対する二つの立場

ゲーデルの定理によって、数学には恣意的な要素が入りこんでいることが示された。数学は論理のみによっては決まらない。そこで数学に対して2通りの立場が考えられる。ひとつは、自然数のような数学の対象はひとつの独立した存在だから、それらにかんする命題は、証明可能であろうとなかろうと、真か偽のどちらかでなければならない、とするものだ。

この場合、正しい数学はただひとつであり、自然数の性質を漏れなく述べたものでなければならない。これはプラトン主義の見方で、ゲーデル自身そのように考えていたことは、1931年の論文のなかで、自分のつくった命題は決定不可能だが「真である」といっていることからわかる。大部分の論理学者も、自然数の「スタンダードモデル」、つまり最終的には自分の直観をよりどころとしており、やはりプラトン主義の見方をとっている。

もうひとつは実用主義(プラグマティズム)で、数学の対象は論理的な操作をおこなうためのものにすぎないと見る。この立場からいうと、決定不可能な問題とは、解答のない問題である。なぜなら物理実験によってけりをつけることができないからだ。真、偽のいずれを予想しても、わたしたちにはこの世界を外から眺めてそれが正しいかどうかを判定する手段がない。このような考え方は量子力学におけるニールス・ボーアの立場に通じる。真偽は最初から問題にされないのだ。

　大部分の数学者はプラトン主義者である。それは、数学という殿堂のこの上ない美しさ、人の手で建てられたとは思えない超越的な美のためだ。それに研究者としての経験から、自分たちはつまらない日用品をこしらえているのではなく、自然の秘密を見抜き、硬い岩を砕いて永遠の真実という名の宝石を掘り出していると感じているためでもある。発見は天啓に似ている。ああこれでようやく物事の本当の姿が見えた、まわりを取り巻いていた謎の雲が晴れた、と数学者は感じる。そのとき、物事はとても明瞭になるので、輪廻転生をめぐるプラトンの有名な神話——魂は冥土で永遠の真実をみつめ、それから忘却(レテ)の川の水を飲んで地上にのぼり、新しい一生を再開する、したがって知るとは思い出すことなのだという話——が、まるで自分のことのように感じられるのである。

もし歴史的事情が異なっていたら……

　しかし、数学史を勉強したことのある人ならきっと疑問を抱くはずだ。たしかに数学の歴史において、偉大な創造者たちの果たした役割はとてつもなく大きい。もしニュートンや

ライプニッツがいなかったら解析学はどうなっただろう。ガロワがいなかったら代数学は、ガウスがいなかったら幾何学はどうなっただろう。けれども数学はこれら天才たちの閃きのみによって進んできたのではない。それは科学技術全体の発展とあいまって進んできた。じっさい解析学は天体力学の導きで生まれたし、幾何学の基礎を築いたガウスの著書は測地学を論じた本でもあった。もし歴史的事情が異なっていたら、もし人間の欲求が異なっていたら、数学はちがうものになっていたのではないだろうか。もし地球が太陽系の唯一の惑星で、そしてもし月が地球のまわりを回っていなかったとしたら、人間は何世紀にもわたって観察事実を積み上げたり、天球上を動く天体の不規則な運動を説明するためのシステムを作り上げたりはしなかっただろうし、天体力学も存在せず、数学のありがたみもわからなかっただろう。

　わたしたちは来し方行く末を思うとき、この道を来るしかなかったのだと感じ、目的に向かってしかるべき発展を遂げつつあるのだと考える。しかし、現状を発展過程のなかに位置づけ、過去を現在と関連づけて解釈できるという考えは幻想にすぎない。わたしたちは過去から未来へとのびる一本道にそって正しく進歩してきたと思っているけれど、じつは外の力に翻弄されて行きあたりばったりに歩いてきただけだったのかもしれない。乱流学者のダヴィッド・ルエルが、『われわれの数学は自然（ナチュラル）か*』（「アメリカ数学協会会報」19号、1988年）のなかで引用しているアントニオ・マチャドの詩の一節のように。

　　旅人よ、おまえの足跡が

道だ、
　　ただそれだけのこと
　　旅人よ、道はない
　　おまえが歩くから道ができるのだ

　こうなると、わたしたち自身の数奇な運命に驚くほかはない。科学という建造物も人類の歴史と同じようにかなり恣意的に築かれているので、もしあのときこうでなくああだったらと、じっさいには起こらなかったけれど起こったかもしれなかったことをつい空想してしまう。

　起こりうる未来は無限にある。それら無限の候補の中からじっさいに起こるものを選びだす、容赦ない選択を生きのびたのがわたしたちなのだ。この選択、つまり偶然と呼ばれる顔のない神に切り捨てられた他の候補にも、選ばれたものと同じくらい存在する権利はあった。わたしたちの唯一の美点は存在しているということだ。もしかしたらわたしたちより素晴らしかったかもしれない、他の多くの起こりえた出来事を犠牲にして、これといった理由もなく、とにかく存在しているということである。

　なぜこのわたしが？　この問いに答はない。だから、つぎのような思いにとりつかれた人が、アイデンティティの危機に陥っても少しもおかしくはない。すなわち、かくも不条理なこの世界とはいったい何なのか、まぼろしの存在に終わった他の多くの人間とくらべて、このわたしとはいったい何者なのか。スウェーデンの詩人グンナール・エケレーフの詩の一節を引用しよう。

このいびつな
驚くべきいのち
大勢の志願者のなかから、ほら、
ひとつの雄の細胞が雌の細胞にたどりついて
ぼくは存在に到達する

ぼくは本当にぼくなのかと
疑問に思ってもおかしくはない

そのあとは、この社会
やつらはまるで犬小屋にいるみたいに
たがいに吠えあい
自分は本当に自分なのかと疑問に思うこともない

戦争、生贄(いけにえ)にされる人々

思うにぼくが存在したのはせいぜい
受精まで
原罪有る宿(やど)りまでだった。
ぼくは、精子は、鞭毛(べんもう)を力いっぱいふってあちこち動きまわり

世界の卵を探している
けれどそれはどこにあるのか？

　　＊註：《Are our mathematics natural?》, Bulletin of the American Mathematical Society, 19, 1988, p.259-268

暴力は純粋な不条理

　さまざまなかたちで襲ってくる不条理を前に、人間は何とかして、その下にどういう決定論が隠れているかを知ろうとする。世界に意味をあたえようとするのだ。その決定論は、先に見たように、必然的な論理の連鎖かもしれないし、統計の規則かもしれない。肝心なのはそれを見破ることだ。世界の意味とは、個々の人間が自分でつかみ取るべきものかもしれないし、これが意味だと昔からいわれてきたことかもしれない。また、それは力ずくで押しつけられるものかもしれない。

　暴力は純粋な不条理であり、その最たるものは意味の押しつけである。暴君は従わせるだけでは満足しない。愛されたいのだ。占領者は国を奪った上に、奪われた人々がそれに同意するよう強要してくる。ちょうど『ファウスト』のコーラスが、フィレモンとバウキスの追放にさいしてこう歌ったように。

　　言い古されたことば、ことばが響く
　　暴力にはよろこんで従え
　　あつかましくも盾突く気なら
　　家も、屋敷も……いや、命もないものと思え
　　　　　　　　（ゲーテ『ファウスト』第2部、最終場）

　文化人類学者クロード・レヴィ＝ストロースが示したように、昔から人間は世界を解釈するために、できれば変えるために、ある種のシンボルを使ってきた。それが理論と呼ばれ

るものだ。

　理論は基本の要素と形式的な規則の集まりで、それらの規則を使うと、基本要素をくみあわせて新しい要素をつくることができる。理論はまた、そのようにして構築された形式的な世界と、わたしたちをとりまく実世界のあいだに、対応をつけるものでもある。この不思議な対応のなかに決定論がひそんでいるのだが、「決定」論といいながら、たったひとつの実世界に対してこれまでじつに多くの形式理論(フォルマリスム)が提唱されては打ち捨てられてきた。その数はそれらを生み出した文明の数に匹敵する。

　今日、西洋では、二つの世界の対応づけとして、数学モデルと実験検証を結ぶ模式図が好まれているが、それ以外の模式図も当然ありうるし、じっさいに使われてもきた。そのひとつが呪術であり、古くから伝わるさまざまな神秘学（魔術、占星術、錬金術など）である。古代ノルウェーのセイズもそのような神秘学のひとつにすぎなかった。それがどのようなものであったか、少しでも踏みこんだことを伝えてくれる文献は今ではほとんど残っていない。キリスト教化を押し進めた王たちが、意図的にそれらの文献を破棄したからである。

創造性が世界に意味を与える

　けれど幸いなことに、エギル・スカラグリムソンのサガが残っている。偉大なるヴァイキング、偉大なるスカルド（古代北欧詩人）にして、セイズ（魔術）の使い手でもあったエギル・スカラグリムソンは、古代北欧の英雄のなかで最も印象的な人物かもしれない。

エギルのサガ——これがまた傑作なのでスノリ・ストゥルラソンの作ではないかといわれている——には、彼が宿敵のエイリーク血斧王とグンヒルド王妃に対して、どのようにセイズを使ったかが語られている。それによると彼は、敵に復讐してノルウェーを去る前に、呪いの杭を立ててそれに馬の頭を突き刺し、その鼻面を国の方に向けて、つぎのような呪文をとなえたという。「ここに汚辱の杭を立て、エイリーク王とグンヒルド王妃の方角に向ける。この国に住む守護霊たちは、エイリーク王とグンヒルド王妃を国から追い出さぬかぎり、道に迷うように、そして何人も安らぎを見いだせぬように」(『エギル・スカラグリムソンのサガ』57)。

呪文はルーン文字で杭に刻みこまれた。数年後、エイリーク王とグンヒルド王妃は呪いのとおりノルウェーを追われ、スコットランド北東沖のオークニー諸島へ逃亡を余儀なくされた。ところがその後、今度は王の側に復讐の機会がめぐってくる。航海に出たエギルが嵐をのがれて上陸し、彼らの手中に落ちたのだ。王と王妃はすぐにもエギルを殺そうとしたが、王の側近のなかにエギルの友人がおり、日の入りから日の出までは人を殺さないものだといって王をいさめてくれた。「王よ、夜間に人をあやめるのは人殺しではありませぬか」。こうして一夜の赦しをえたエギルは、その時間をつかって北欧詩の傑作を完成させる。それは最初の押韻詩であり、宿敵エイリーク王に対する賛歌であった。翌日、彼はこれを王と廷臣たちの前で朗吟する。絶望的状況に陥ったスカルドは、死を逃れるためにこのような手段をとってよいことになっていたのだ。それ以来、この詩は「首の代価」という名で知られるようになった。

この物語にはいくつかの決定論があいついで登場する。セイズの術、慣習の遵守(じゅんしゅ)、詩法。そのなかのどれひとつとして現代まで残ったものはない。ヴァイキングとともにセイズもスカルド詩もほろび、日没後はどんな仇敵も殺さないという奇妙な慣習も失われた。

　しかし、そこにあらわれていた欲求——不条理の砂漠のなかに規則性のオアシスを見いだしたい、必要とあらば構築したいという欲求——は、満たす方法こそ違え、今もわたしたちのなかに脈打っている。スカルド詩の形式主義(フォルマリスム)と厳密さは現代数学のそれに少しも劣るものではなく、頭韻の規則にのっとってケニング*を操れる者なら、論理の規則にしたがって諸定理を関連づけることもできるだろう。いずれにせよ、大切なのは創造性である。創造性こそが意味と美しさをあたえ、熟練工と芸術家を区別するのだ。

　スカルド詩がすたれたのは形式主義がいき過ぎたせいであり、セイズがほろびたのは他の術に負けたせいである。このように、人類の生み出すシステムはしばらくは生きているが、やがては病んだり災難にあったりして死んでいく。セイズもおそらく別の場面ではエイヴィンド・ケルダの役に立ったにちがいないが、ここぞというときに突然、彼を見捨てたのだ。何が起こったのか、本当のところは誰にもわからなかった。

　セイズが他の術に追われ、占星術が天体力学に追い出されたように、決定論は時がたつと別の決定論と入れ替わる。それでも、わたしたちが生きている物質的宇宙と、わたしたちがつくりだす宇宙像を結ぶ、あの不思議な対応関係はつねに保たれているのである。

＊註：北欧のスカルド詩にはきわめて厳密な規則があり、よく使われる単語の多くは、フレーズのなかで同じ音がくり返し響くように、その音を含む隠喩、つまりケニングで置き換えられた。この規則は時代が下るにつれて複雑になった。

＊註：p, q は自然数なので、偶数か奇数である。そこでまず p を奇数としてみよう。$\frac{p}{q}=\sqrt{2}$ の両辺を 2 乗すると、$p^2=2q^2$ となるが、左辺の p^2 は奇数、右辺の $2q^2$ は偶数となって矛盾が生じている。したがって p は偶数でなければならない。そのとき、q が偶数であるとすると、p, q は 2 を共通因子としてもつことになり、$\frac{p}{q}$ が既約分数であることと矛盾するので、q は奇数でなければならない。n を任意の自然数として $p=2n$ とおき、$\frac{p}{q}=\sqrt{2}$ の両辺を 2 乗すると、$4n^2=2q^2$、両辺を 2 で割って、$2n^2=q^2$ となる。左辺は偶数なので、右辺も偶数でなければならない。これは q が奇数であることと矛盾する。

第 3 章

予　想

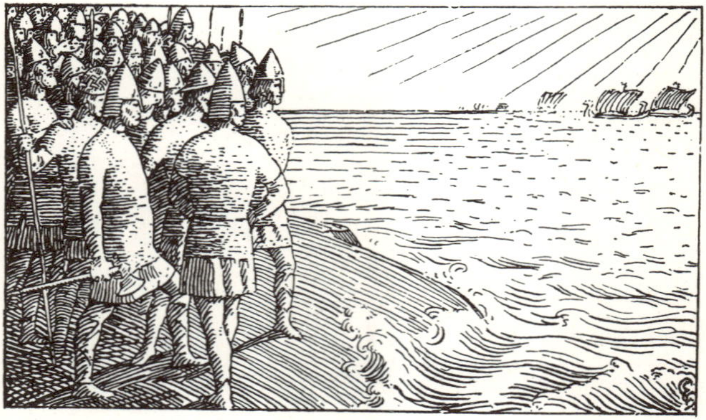

オーラヴ・トリュグヴェソン王の話は彼の龍頭船(ドラッカール)、≪長龍丸≫を抜きにしては語れない。≪長龍丸≫は、王がハロガランドで手に入れた1隻の龍頭船をモデルにつくられた。その龍頭船も堂々たる船であったが、≪長龍丸≫はそれに輪をかけて大きく、美しかったらしい(モデルにされた船はそれ以来、≪短龍丸≫と呼ばれるようになった)。

　長龍丸の噂は海のむこうにまで達していた。オーラヴ王が最後の遠征地となるバルト海南岸の国から帰ろうとしたとき、彼と敵対するデンマーク王、スウェーデン王、そしてエイリーク伯爵の連合艦隊は、陸からあまり遠くないスヴォルデ島付近でオーラヴ王の艦隊を待ち伏せていた。そうとは知らぬ艦隊は故国をめざして出発する。小型の船が先に出港し、速度も速かったので、たちまち海のむこうに走り去った。残るは≪長龍丸≫を含む13隻の巨船である。こちらは、遠征地でオーラヴ王の信頼をえたシーグヴァルデ伯爵に案内され、吃水(きっすい)の深い水道を通って沖へ出ることになっていた。ところがシーグヴァルデ伯爵はじつは敵のまわし者であり、オーラヴ王の巨船団はまっすぐ敵の懐中へと導かれるのである。

　　デンマーク王スヴェイン、スウェーデン王オーラヴ、
　　そしてエイリーク伯爵は全艦隊とともにそこにいた。空
　は青く、空気は澄んでいた。2人の王と伯爵はそれぞれ

第3章 予想　113

の家来を引きつれて島に上がった。小型船団が長い列をなして海を遠ざかっていくのが見えた。やがて1隻の堂々たる軍船がこちらの方に進んでくるのが見えた。2人の王は口をそろえていった。

「何と大きく、美しい船だ。長龍丸に相違あるまい」

エイリーク伯爵は答えた。

「いや、長龍丸ではない」

彼のいうとおり、それはオーラヴ王の義理の兄弟、ギムサーのエインドリデの龍頭船だった。まもなくもう1隻、先の船よりずっと大きい龍頭船がやってくるのが見えた。スヴェイン王がいった。

「さてはオーラヴ・トリュグヴェソンめ、怖じ気づいたな、船に軍旗を掲げぬとは」

しかしエイリークは答えた。

「これも王の船ではない。帆の縞模様に見おぼえがある。エルリング・スキャルグソン(オーラブ王の義理の兄弟)の船だ。通してやろう。我々にとってはこの船がオーラヴ王から離れてくれるほうが都合がよい。このように武装した船と戦えば、大きな痛手をこうむるにちがいあるまいから」

少ししてまた龍頭船が何隻か見えたが、彼らはそれがシーグヴァルデ伯爵の率いる船団であることに気がついた。船団はまっすぐに彼らのほうへやってきた。それから帆を高くあげた龍頭船が3隻見えた。その先頭の船はなみはずれて大きかった。スヴェイン王が呼ばわった。

「みなの者、船に乗れ。長龍丸だぞ」

エイリークはいった。

「長龍丸のほかにも大きい船、立派な船はたくさんある。いま少し待たれよ」

　すると人々は囁きはじめた。

「エイリーク殿は父君の仇を討ちたくないのか。恥ずかしいことだ、世界中に噂が広まるぞ、我々はこれほど大きな戦力をもちながら手をこまねいていた、オーラヴ王が目と鼻の先を通るのを黙って見ていたといわれるのだ」

　そんなことをいっているうちに、帆を高くあげた龍頭船が4隻あらわれ、そのうちの1隻は金色にきらめく龍頭を船首にかかげていた。スヴェイン王が立ち上がり、こういった。

「あの船は今宵わたしを高くかかげてくれるだろう。わたしが舵をとるのだから」

　人々はその船の大きさ、美しさにどよめき、このような船をつくらせるとは大したものだといいあった。

　だがエイリークは、ほとんど誰にも聞きとれないような声でつぶやいた。

「たとえオーラヴ王の船がこれより小さいとしても、スヴェイン王とデンマーク軍だけではとうてい奪えまいに」

　このあと家来たちは船に乗りこみ、テントをたたみはじめた。それが終わるのを待ちながら、2人の王とエイリークが今の出来事について議論していると、巨大な龍頭船が3隻あらわれ、その後ろから、4隻目があらわれた。それが長龍丸だった。先に長龍丸とまちがえた2隻のうち、1隻は≪鶴丸≫、もう1隻は≪短龍丸≫だった。

しかし今あらわれた船を見ると、たちどころにこれこそが≪長龍丸≫だとわかり、異論はいっさい出なかった。オーラヴ・トリュグヴェソンがその舵をとっているにちがいない。そこで彼らも船に乗り、戦闘準備にとりかかった。

(『オーラヴ・トリュグヴェソン王のサガ』100)

オーラヴ・トリュグヴェソン王の敵方は、ここでまさに典型的な意思決定問題に直面している。彼らは≪長龍丸≫が見えてきたちょうどそのときに出ていかなければならない。早すぎれば通報され、オーラヴ王に逃げられてしまう。遅すぎれば王はすでに通過したあとで、チャンスは二度とめぐってこない。だから彼らはどうしても≪長龍丸≫を見分けなければならない。問題は、彼らが一度もそれを見たことがないということだ。いや、見たことのある者はひとりだけいるのだが、その者はあまり信用されておらず、早々と臆病者呼ばわりされ、沈黙を余儀なくされている。

したがって2人の王は≪長龍丸≫の噂にたよるしかない。だいたいのことはわかっている。巨大であること、豪華であること、並の船ではないところが船主オーラヴ・トリュグヴェソン王の自慢の種であり、その美しさはすでに伝説化していること。他方、造船技術はどこでも同じようなものだし、龍頭船のことなら必要上よく知っているので、彼らのもっている≪長龍丸≫のイメージは、たとえば今日わたしたちが思い浮かべるより、はるかに正確であるといってよい。

それでも彼らは4回もまちがえた。そして毎回、まちがえるのにもっともな理由があった。どの龍頭船もその前の龍頭

船より大きく美しかったので、毎回それを上回るものはありえないように思われたのだ。龍頭船が１隻あらわれるたびに、≪長龍丸≫かどうかをめぐって意見は対立し、肯定派の声がしだいに自信に満ちてくるのに対し、否定派の声はしだいに小さくなっていった。本物の≪長龍丸≫の出現だけが議論を終わらせることができた。実物が目の前にある以上、議論は無用、急いで船に乗るのが先決である。

あとから考えれば、まちがいは明らかで、どうしてあんなにつまらない偽物にだまされたのかと思う。かねがね噂に聞いていた金色(こんじき)の巨大龍頭船という表現は、今、陽光をあびてこちらへ進んでくる、この惚れ惚れ(ほ ぼ)とするような大型船にしかふさわしくないように思われる。

しかし、それは出来事をあとからふり返って眺めるときに陥ってしまう罠(わな)だ。わたしたちは過去を思い出すとき、結末を知っている今の自分の見方を投影しがちである。じっさいには、そのときの第一印象をそのまま蘇らせるのは容易なことではない。≪長龍丸≫を見ないかぎりスヴェイン王は≪短龍丸≫にだまされる可能性があり、人々も王にいい負かされる可能性がある。推論の緻密(ち みつ)さや造船術の専門知識など、何の役にも立たない。彼にまちがいを悟らせることができるのは、≪長龍丸≫の出現、つまりオーラヴ・トリュグヴェソン王の出現だけなのだ。

「聞く気のある者」が聞く

不確実性は、人間の歴史やわたしたちの日常生活を深いところで規定している基本的な条件のひとつである。前後の事

情がよくわからないまま意思を決定しなければならないことは多い。望ましい結果を得るためには、過去の経験や、自分や他人が積み上げてきた知識を使って、状況を正しく把握することが大切だ。

しかし、いくらそれらを動員しても、状況を百パーセント正しく把握できたという確信はもてない。下手をすると、事の真相が明らかになったとき、その決定が危険であるばかりか、愚かであったように見えるかもしれない。それでもリスクを負って意思を決定しなければならないのだ。

もっとも、未知の領域で危険な賭に出ようというわけではない。わたしたちが把握しようとしている状況は、既知の範囲内におさまっている。わたしたちが見ているものは、何通りかの状況によって説明することができる。それらの状況がどのようなものか、わたしたちにはわかっている。ただ、それらのうち、どれが今の場合に当てはまるかを知りたいだけなのだ。この美しい巨大龍頭船は、たしかにオーラヴ王の艦隊に属している。だがそれは果たして《長龍丸》なのか？

そのためにはまず出来事そのものに問わなければならない。ちょうど洗礼者ヨハネが牢獄から使者を送って、イエスにこうたずねたように。

「来るべき方は、あなたでしょうか。それとも、ほかの方を待たなければなりませんか」（『マタイによる福音書』第11章2～6節、『ルカによる福音書』第7章18～23節）

しかし神ならぬ人間がこう問いかけてもあいまいな答しか得られない。

「行って、見聞きしたことをヨハネに伝えなさい。目の見えない人は見え、足の不自由な人は歩き、重い皮膚病を患って

いる人は清くなり、耳の聞こえない人は聞こえ、死者は生き返り、貧しい人は福音を告げ知らされている。わたしにつまずかない人は幸いである」

　時のしるしを読むことができなければならない、というのが新約聖書にくり返し出てくるテーマである。この「読む」という行為にはどうしても主観が混じってくる。なぜならそこにはその人なりの、リスクを負った意思決定がからんでいるのだから。「耳のある者は聞きなさい」と聖書にあるが、「聞く気のある者」だけが聞くのである。

預言とその実現

「聞く気のある者」だけが聞くということから、つぎの重要なテーマが見えてくる。それは信じることが実現をもたらす、というものだ。

　聞くことを受け入れた者にとって、神の国はすでにそこにある。信者の共同体にとって、約束の一部は果たされたも同然である。

> 　彼らは、使徒の教え、相互の交わり、パンを裂くこと、祈ることに熱心であった。すべての人に恐れが生じた。使徒たちによって多くの不思議な業としるしが行われていたのである。信者たちは皆ひとつになって、すべての物を共有にし、財産や持ち物を売り、おのおのの必要に応じて、皆がそれを分け合った。
>
> （『使徒言行録』第2章42〜45節）

全員で同じ信仰をもち、最後の審判をともに待ち受けるというそのことが、預言の正しさを裏づけるような行動をとらせるのだ。預言は、十分多くの人々がそれを信じれば実現する。まるで、《長龍丸》を見分けられる人が多ければオーラヴ・トリュグヴェソン王があらわれるとでもいうように。

　ある種の予言は、十分な賛同が得られるだけでおのずから成就（じょうじゅ）する。このことは人間社会における不変の事実である。

　もし、わたしがある人に敵視されていると確信したら、わたしはその人の不穏（ふおん）な行動にそなえて準備をするだろう。するとその人はそれを見て、たとえはじめは敵意などなかったとしても、まちがいなくわたしに敵意を抱くようになるだろう。もし、ある政党が、隣国のあやしげな態度のせいで戦争が避けられないと叫んだら、本当にそうなるシナリオはいくつか考えられる。まず、この意見が多くの賛同者を集めれば、それをきっかけに終わりなき軍拡競争がはじまるかもしれない。またどうせ戦争になるなら、仮想敵が準備を整えるのを待つよりは先に打って出る方がいい、と先制攻撃さえおこなわれるかもしれない。そればかりか、たとえこの政党が国民に広く支持されていなくても、その意見に賛成する人が多くいるかもしれない、と隣国が不安にかられ、何らかの軍事的処置をおこなえば、やはり敵意はあった、あの主張は正しかったということになる。こうして死の歯車が回りはじめるのだ。

合理的予想

　こうした状況は、とくに経済学の分野で詳しく分析されて

きた。経済活動における予言の役割が研究され、合理的予想（合理的期待ともいう）の概念が導入されたのは1961年のことである。合理的予想とは、簡単にいうと、じっさいに実現した予想のことである。さらにいうと、実現したことによって経済主体（生産者や消費者）がそのような見方に対する確信を強める予想のことだ。

たとえば、景気の循環と太陽周期が連動しているという説、いいかえると太陽黒点の減少が不況をひきおこすという説がある。これは信じてもよいし、信じなくてもよいけれど、信じる人々は太陽黒点が減少するとそれ相応の処置をとるだろう。そこで、信じる人が大勢いたり大きな影響力をもっているときは、そうした行動が合わさって本当に不況をひきおこし、結果的に彼らの予想は正しかったということになる（このとき彼らの予想は合理的予想となる）。こうなると、黒点説を信じない人も、別の考えが台頭してくるまでは、信じる人々と同じ予想を立てざるをえない。

経済活動はもともと不確実なものだ。じっさい、先のことはわからない。今日の投資が30年後にどういう結果をもたらすか、誰にもわからないだろう。なぜなら関係するパラメーターがあまりにも多いからだ。しかも、そのなかには政治的変化や科学技術の発展のように、純粋に経済の枠内にはおさまりきらないものもある。そこですべてを視野に入れることの不可能性を考えると、まともな予測ははじめから断念せざるを得ない。

ところが不確実なことは未来だけではなく、現在にも存在する。経済指標が定期的に発表され、解説されても、経済の現状は誰にもわからない。不景気は連鎖すること、どの不景

気も似通っていることはわかっているが、それがいつはじまりいつ終わるのかはなかなかわからない。「そろそろ不況を脱したか」という問いは、もうひとつの「不況はもうはじまっているか」という問いと交互に、周期的に時事問題となる。

なぜそうなるかというと、経済指標のデータが、物価水準であれ、失業率であれ、国際貿易収支であれ、いくら客観的に計測できるとはいっても、何らかの解釈がなされなければ意味を持たないからだ。データはひとつでも、解釈はいく通りもありうる。同じ症状を持つ病気がいくつもありうるのと同じことである。

いま、かりに生産者になったつもりで、自分が属する産業部門の物価が上がったことに気づいたと想像してみよう。そこで大事なことは、物価が上がったといっても、この現象がたんなる貨幣錯覚*にすぎないのか、それとも一時的に需要が増えただけなのか、あるいは本質的な変化の兆しなのかを見きわめることだろう。貨幣錯覚なら、自分がつくっている品物の値段をインフレの一般水準にあわせればすむが、需要の一時的な増加なら、手持ちの生産設備で何とか対処しなければならない。本質的な変化の兆しならば、開けつつある新しい市場を競争相手に奪われないように急いで設備投資しなければならない。目測をあやまればとんだ災難に遭いかねないのである。タイミングの悪い投資のために設備過剰となり、多大な借金に苦しむかもしれないし、追い風が吹いてきたのに気づかず、拡大する市場のなかで自分の場所を守りきれなくなるかもしれないのだ。

消費者にしても、この種の問題を避けては通れない。家や車のような大きな買物は、価格や利率が下がるのを期待して、

じっくり機会を見さだめようとするだろう。けっきょく、すべての経済主体が、いま何が起こっているかをつねに気にかけていることになる。好景気や不景気の真最中なら、景気の現状は誰にでもわかる。難しいのは、流れの「変化」を見抜くことだ。真に貴重な情報はそこにある。不景気の終わる時期を正しく予想できる者が、不安で動きだせない競争者に対して、決定的な優位に立つのである。

> ＊註：この場合、貨幣価値が下がったことが本当の理由なのに
> 商品価値が上がったためと錯覚すること。

状況判断の難しさ

ここで何より注目すべき点は、経済主体が分析しようとしている状況のなかに、彼らの判断そのものも含まれる、ということだ。もし全員が不況はまだつづくと判断すれば、設備投資はおこなわれず、消費も手控えられ、不況は長引くだろう。もし反対に、全員が不況を脱したと判断すれば、流動資産[*1]が投資に使われるようになり、需要も目に見えて増えてきて、景気はふたたび上向くだろう。もちろん現実には全員が同じ判断をすることはないが、いつかはどちらかが優勢になり、ちょうど≪長龍丸≫の出現で全員の意見がそろったように状況は一変する。

したがって経済では、他人の考えを察知することと、経済主体自身が意識するよりも前に、彼らの出方を予想することがきわめて重要になってくる。一番悪いのは全員が日和見主義に陥り、殻に閉じこもって、事態が好転するのをじっと待

っている状態である。反対に、理想的なのは生産者と消費者が政府を信頼することができ、リスクをリスクと感じない状態である。

　これと同様のメカニズムは株式市場でも働いており、株価はほとんどこれによって決まるといってよい。もちろん経済的な要素は非常に重要であり、企業業績が悪ければ相場はたちまち下落する。しかしウォール街のような大規模株式市場の主要銘柄の場合、取引総額は、日中におこなわれる株の購入と転売によって決まる。24時間経たないうちにポートフォリオ（資産の内訳）を替えてしまう投機家が、株から生じる5年後の利益などに目を向けるはずがない。価格を決めるのは市場(マーケット)である。そして市場とは、世界中の投機家たちが、他の投機家たちの出方を想像して立てる予想の総体のことなのだ。

　このことはすでにケインズ[*2]も気づいていた。

　　プロの投資とは、いってみれば100枚の顔写真のなかから最も美しい人の写真を6枚選び、その選択が応募者全員の平均的好みに一番近かった者に賞金が贈られるという新聞の懸賞問題に応募するようなものだ。応募者は自分が美しいと思う顔を選ぶのではなく、この問題を同じ観点から眺めている他の応募者たちの気に入りそうな顔を選ばなければならない。問題は自分の判断の範囲内で本当に一番美しい顔を選ぶことでもなければ、平均的意見が心から一番美しいと思う顔を選ぶことでもない。われわれが到達する第3段階とは、これが平均的意見だろうと平均的意見が考えるものを予想しようと努めるこ

とである。わたしが思うに、第4、第5、いやもっと高い段階の予想を立てている人もいるのではないか。

(『雇用、利子および貨幣の一般理論』第12章5節)

*註1：現金や預金のほか比較的短期間で賃金化される資産のこと。
*註2：ジョン・メイナード・ケインズ。1883〜1946年。

じゃんけんとPK戦における戦略

互いに相手の腹を読もうとするこの種の予想は、じゃんけんのような子どもの遊びでも経験することがある。じゃんけんには、相手のだす指の本数を当てるものや、紙・ハサミ・石の流儀など、いくつか種類があるが、ここでは後者を考えよう。

問題は相手より一歩先んずることだ。かりに、わたしが誰かとじゃんけんをして「グー」を出して負けたとする。すると相手は今の勝ち手である「パー」を次回もつづけて出したくなるかもしれない。幼稚な考えであり、無策という意味でゼロ度の策と呼んでよいだろう。これはわたしがもう一度「グー」を出す、つまり先の負け手を変えないことを前提としている。しかし、それよりわたしは相手の出方を予想し、幼稚な策の裏を掻いて「チョキ」をだす可能性が高い。相手に少しでもものを考える力があれば、そういうわたしの出方が予想できるはずだ。そこで彼はわたしが出すと思われる「チョキ」に勝つため、「グー」を出すことにする。これが第1段階の策である。

だが、わたしの方も相手がそうすることを予想して、それ

に勝つために「パー」を出すかもしれず、きっとわたしがそうするだろうと思えば、相手は「チョキ」を出すだろう。第2段階の策である。さらに、それを予想したわたしが「グー」を出すだろうと思えば、相手は「パー」を出すことになる。第3段階の策である。こうして第3段階の策がゼロ度の策と合流する、つまり無策な戦略と先の先まで読んだ戦略が一致するのだ。第4、第5、さらにその上の段階にしても事情はまったく同じである。

　ペナルティーキックを受けるゴールキーパーの不安についても考えてみよう。ゴールキーパーはボールが蹴られないうちに動いてはならず、しかも、ゴールを阻止するには蹴られたとほとんど同時に動かなければならない。蹴られたあとに動きを決める余裕はないから、事前にできるだけ蹴る人の動きを予想して、どちらに跳ぶかを決めておかなければならない。キーパーによっては、蹴る人の癖や疲れぐあい、過去のペナルティーキックのデータをもとに、本当に予想を立てる人もいる。

　だが敵もバカではない。むこうはむこうでキーパーの動きを予想するかもしれない。そこで、他のキーパーたちは果てしない予想の合わせ鏡を覗くのをやめ、偶然や、そのときの気分にまかせるのだ。

　　ゴールキーパーは敵がどのコーナーを狙ってくるかを考えます、とブロッホはいった。キックする選手を知っているときは、だいたいどのコーナーを選ぶかわかります。でもむこうだってキーパーのそんな考えは簡単に予想できる。そこでキーパーはもう少し先を読んで、今回

のボールはいつものコーナーには来ないだろうと予想します。いいでしょう。でももし相手もキーパーと同じように考えて、いつものコーナーを狙ったらどうです？ それにもしキーパーがそれを予想して、その予想をさらに相手が予想したら？ きりがありません。

(ペーター・ハントケ
『ペナルティーキックを受けるゴールキーパーの不安』)

これらの状況からはっきりと見えてくるのは、2人のプレイヤーのうちどちらか一方だけに成功を保証する方法はありえないということである。なぜなら、原則として2人がともに合理的で、同じ情報をもち、したがってどちらも相手と同じ推論ができると考えなければならないからだ。もし、たとえばゴールキーパーに右に跳ぶべきだと思わせるような確かな論拠があれば、その論拠は敵も同じようにもっているはずで、敵はそれを完璧に正しいと思い、やはり完璧にキーパーの出方を予想して、反対側に蹴ってくるだろう。

予想してはならない !?

そこでゲーム理論は意思決定に偶然という要素を持ちこんだ。もしゴールキーパーがコイン投げによってどちらに跳ぶかを決めるなら、敵のどんなに鋭い知力からも守られることになり、キーパーとしての腕が確かであれば、2回に1回はゴールを阻止できるだろう。

ただし彼は自分の知力を信じたいという誘惑に負けてはならない。もし負ければきりのない予想の連鎖に巻きこまれて

しまう。たとえば、過去のペナルティーキックがつねに自分の右側に飛んできたからといって、左に跳ぶ回数を減らしてはならない。戦略を変えれば敵はただちにそれに気づき、左側にも蹴ってくるだろう。それに、ひょっとするとこれまで右ばかり狙っていたのは、彼にコイン投げの戦略を放棄させるためだったのかもしれない。敵としては彼がふたたび予想の連鎖にとらわれてくれるほうが安心なのだ。

1930年、数学者エミール・ボレルがプレイヤーの戦略に偶然という要素を持ちこんだとき、彼はこれをひとつの経済原理と考えていた。すなわち、偶然が入ることによって策をめぐらすことが無意味になり、きりのない予想地獄から抜けだせると考えたのだ。しかし今日ではむしろ、こうしたランダムな戦略のもたらす情報面での効果が注目されている。ゴールキーパーがコイン投げの戦略をとれば、敵のチームは不確実な状況のなかに投げこまれる。どれほど精緻な推論を重ね、どれほど先まで読んで戦略を立てても、2回に1回の割合でゴールは阻止されてしまうのだ。

裏切りを利用することもできない。たとえばキーパーが、跳ぶ方向をコイン投げで決めるつもりだと恋人にうちあけ、彼女の裏切りで敵の耳にこの情報が入ったとしても、それによってゴールが決まるチャンスが増えるわけではない。それどころか、かりにキーパーがひとつの試合だけではなく、これからの全選手生活を通じて偶然にまかせることを公言したとしても、敵はそれを利用することができないのである。

ただしキーパーはその代わり、自分の防御率を上げようとしてはならない。たとえ敵の蹴る方向に統計的な偏りが認められても、それを利用することはゆるされない。それをすれ

ば、自分自身の戦略に統計的な偏りが入りこみ（つまりどちらかの方向により多く跳ぶようになり）、逆に敵に利用されてしまう。いいかえると、短期間で簡単に手に入る利益はあきらめることだ。さもないと、長期的には自分の不利益になるような情報を敵にあたえることになるだろう。

毎回同じ戦略はダメ

つぎにこの分析をポーカーにあてはめてみよう。ポーカーのプレイヤーに、意思決定を偶然にまかせるよう忠告するのはおかしいと思われるかもしれない。しかも、そうすることが場合によっては最良の方法であるなどというと、非常識にきこえるかもしれない。

けれども、それがつぎに示そうとしていることなのだ。もっとも、ここで考えるのはポーカーそのものではない。それを極度に単純化したゲームだが、質的な結論はポーカーにも通用する。ただポーカーそのものをとりあげると計算が複雑すぎて、本書にあわないので単純化するだけである。

このゲームは親(バンカー)を相手にひとりでおこなわれる。まず、プレイヤーが賭金をテーブルにおく。つぎに親がそれと同額の賭金をおく。このあと親は新しいカードの包みをとり、それを開封し、7の札を4枚すべて抜いて自分の前に並べる。つぎに残りのカードをよく切ってプレイヤーにわたし、カットさせる。カットされたカードの束は親の手で札入れ箱に入れられ、最初のカードがプレイヤーの札となる。親は細長いへらを使ってそれをとり、伏せたままプレイヤーのほうに滑らせる。カードを引くのはこれで終わりである。

問題はプレイヤーのカードが親の7を上回るかどうかだ。エースは1と数えられるので、札入れ箱には7より小さいカードが24枚、7より大きいカードが24枚入っている。したがってプレイヤーのカードが勝つ（7を上回る）確率は$\frac{1}{2}$、負ける（7を下回る）確率も$\frac{1}{2}$である。

プレイヤーはそっと自分のカードを見たあと、勝負を降りるか、それとも賭金を上げるかのどちらかを選ぶことができる。降りれば親が金を集め、ゲームは終了する。賭金を上げる場合、プレイヤーはもう一度、同額の賭金を積まなければならない。これに対して親は勝負を降りてもよいし、カードを見せるよう要求してもよい。もし親が降りれば、金はすべてプレイヤーのものとなる。一方、カードの開示を要求するなら、親は新たに同額の賭金を積まなければならない。そこでプレイヤーはカードを裏返して見せ、親の7とくらべて数が大きければ金をとり、小さければ金を渡す。どちらにしても、そこでゲームは終了する。

このゲームを分析してみると、まず、プレイヤーがとる戦略としては、つぎの四つが考えられ、またそれ以外にはないことがわかる。

(1)勝ち札なら賭金を上げ、負け札なら降りる。
(2)勝ち札でも負け札でも賭金を上げる。
(3)勝ち札のときに降り、負け札のときに賭金を上げる。
(4)勝ち札でも負け札でも降りる。

最後の方法はもちろんやめたほうがよい。そんなことをすれば最初の賭金が確実に失われるからだ。それに、どんな札

がきても降りることに決めているなら、何のためにゲームの参加料（最初の賭金）を払うのかわからない。

三番目の戦略は理屈に合わないようにみえるが、儲かる可能性はある。来たカードが負け札で、賭金を上げたとき、もし親が降りれば、親の最初の賭金が手に入るからだ。だがもし親がカードの開示を要求すれば、損失は最大になる。なぜなら勝ち札の場合は最初の賭金を失うし、負け札の場合は（親に開示を要求されて）倍の金額を失うので、平均して最初の賭金の1.5倍の金を失うことになるからだ。

残る二つの戦略は、他の戦略よりは収益性が高い。最初の戦略の場合、負け札なら最初の賭金を失うが、勝ち札なら少なくともそれと同額の金を儲けることができる（親が降りれば同額、開示を要求すれば2倍）。もし親がかならず降りるとすれば、儲けの期待値（平均値）は0である。一方、2番目の戦略では、親が降りればかならず最初の賭金と同額の金が儲かる。そして親が開示を要求するときは、カードが勝ち札ならその2倍の金が儲かるが、負け札なら2倍の賭金を失うので、儲けの期待値はやはり0である。

さて今度は、毎晩カジノに通う常連の賭博者になったつもりで考えてみよう。その場合は戦略を日によって変えることができるが、もし毎回同じ戦略をとるとすると、収益性の高い一番目と二番目のどちらをつかっても、いつかは親に見破られ、防衛策をとられてしまうだろう。二番目の戦略にしたがって、何の札がきてもかならず賭金を上げていれば、親もかならず開示を要求するようになるだろうし、一番目の戦略にしたがって、負け札のときいつも降りていれば、決して開示は要求しないようになるだろう。つまり、親はつねにこち

らの儲けの期待値が 0 になるように事を運ぶことができるように思われる。

　こう考えると、毎回同じ戦略をとるかぎり、どれを採用しても長期的には儲からないことがわかる。毎回同じ戦略をとるというその事が、親にとって有用な情報となり、こちらの戦略を見破って儲けの期待値を 0 以下におさえられるようになるのだ。もし儲けの期待値を増やしたいなら、戦略を見破られないように情報を隠す方法を見つけなければならない。

偶然にまかせる

　その方法が、あのランダム戦略だ。勝ち札の場合はかならず賭金を上げるとして、負け札の場合でも 3 回に 2 回の割合でしか降りず、3 回に 1 回は賭金を上げることにすれば、儲けの期待値は最初の賭金の $\frac{1}{3}$ という計算になる。つまり、3 回につき 1 回の割合で最初の賭金と同額の金が儲かるというのだから、聞き捨てならない話である。なぜそうなるかというと、この戦略によって親は、多数回のゲームの蓄積のなかから使える情報を引き出すことができなくなるからだ。親がどの戦略をとっても——つねに降りても、つねに開示を要求しても、あるいは両方を混ぜても——儲けの期待値は変わらず、プレイヤーは 3 回に 1 回の割合で最初の賭金と同額の金を儲けることができる。

　ただ、いうまでもなく、一度戦略を立てたらあくまでもそれに従わなければならない。つまり負け札がきた場合も、3 回に 1 回の割合で賭金を上げなければならない。計算によれば、この方法は最良でもある。つまり、親のあらゆる防衛に

対して、他のいかなる戦略もこれより良い結果を出すことはできないのだ。

　負け札がきても賭金を上げることを「はったりをかける」という。はったりが成功すれば、本来なら勝てるはずのないカードでゲームに勝つことができる。初心者はこの可能性に目がくらんで何かというとはったりをかけるか、さもなければ、逆に失敗を恐れて、まったくリスクを冒すことができない。

　だが、経験豊富なプレイヤーなら、はったりをかけて負ける必要もあることを知っている。そうすれば親は、こちらがときにははったりをかけることを知って、つぎにこちらが賭金を上げたとき、もう一度カードの開示を要求したくなり、賭金を上げてくるかもしれない。つまり親のほうも賭金を上げる気になるかもしれない。次回のカードが勝ち札なら、親が賭金を上げたときのこちらの儲けは最初の賭金の2倍になるのである。

　はったりは二つの相容れない目標を追っている。次回来たカードがもし負け札なら親に降りてほしいが、勝ち札なら賭金を上げてほしいのだ。そうしてもらうには、親にとって勝敗が不確実でなければならず、したがってこちらの戦略が予測不可能でなければならない。予測不可能であるためには、ランダムでなければならない。だから、3回に1回という比率は守るにしても、いつも3回目にはったりをかける（最初の2回の負け札では降りて、3回目の負け札がきたときに賭金を上げる）というように、はったりが規則的になってしまっては意味がない。長くつづけるうちにいつかは親に見破られ、その情報を利用されてしまうだろう。たとえばいつも3

回目にはったりをかけていれば、親は一度その現場を押さえたあと、あなたが一度降りるまではったりはないこと、つまり賭金を上げるときはかならず勝ち札であることがわかり、安心して降りるだろう。この新しい親の戦略によって、あなたの儲けの期待値は減ってしまうのである。

これでわかるように、親は自分の利益のためにいつもこちらの出方をよく研究し、こちらの弱点や、ゲームのやり方に無意識に出てしまう癖を見破ろうとする。親にとっても最良の戦略はやはりランダム戦略である。計算によれば、プレイヤーが賭金を上げたとき、親は3回に1回の割合で降り、3回に2回の割合で開示を要求するのが一番良いことがわかっている。

サイコロを振って判決を出す裁判官

どれだけやっても戦略が相手にわからず、予測不可能でありつづけるために、一番良いのはその戦略がそれを用いる人にとっても予測不可能なこと、つまりランダムであることだ。もしプレイヤーがゲームの展開やそのときの気分ではったりのタイミングを決めていると、その考え方や気分が親にわかってしまう恐れがある。だが、サイコロを振って1か2の目がでたら賭金を上げ、3以上の目がでたら降りることにすれば、あらゆる予想から身を守ることができる（もちろんサイコロは親から見えないところで振らなければならない）。ただし、出た目には忠実にしたがわなければならない。まして、出る目を操作したり、結果を恣意的に解釈するなどは論外である。ラブレーの本に出てくるブリドワ・バカーヒル判事の

ように、無心にサイコロを振り、黙ってその結果にしたがわなければならないのだ。

　……わたくしもみなさまと同様にいたしております。判事職の慣習にしたがいましてな。判事職につねに奉ずべきことは法典に記されている通りですじゃ。たとえば、『典外教令集』の条文≪書状においては≫や、同じく条文≪無実の人≫などですな。そこでまず、≪教区司教の義務≫第3節、≪判事の任務≫の最終節、また教皇答書の第1節に、良い判事がなすべきこととして書かれているとおり、訴状、召喚状、引致状、聴取書、予審調書、予審調書補遺、提出資料、事実証明書、論告書、抗弁書、請願書、証人尋問書、再抗弁書、再々抗弁書、再々々抗弁書、原告側証拠文書、証人否認状、不服申立書、証人援護書、証人検真調書、証人被告対決調書、被告人相互対決調書、通達書、裁判延期願い、国王許可状、副本作成命令書、裁判忌避申立書、通知書、移審申請書、他法院移牒書、元法院還付書、判決文、付帯異議申立決裁書、判決承認命令書、控訴申立書、自白調書、執達書、ならびに原告被告の双方から贈られるドラジェや菓子類をば、よく見、見なおし、読み、読みなおし、ぱらぱらとめくり、ぺらぺらとめくりますわい。

　それからわが書斎の机の端に被告の書類を積み上げ、みなさまと同様に、サイコロの最初のひと振りをもって被告の運命といたします。このことはローマ法大全、道理の規則にかんする法令≪最も好ましきこと≫に記されており、同じく第6書の条文≪双方の道理≫にも、「双

方の道理、明らかならざるときは、原告より被告を優遇すべし」とありますわい。

　しかるのちみなさまと同様に、今度は原告の書類を机のもう一方の端に積み上げる。こうして双方の書類を対置させるわけですな。と申しますのも「対立せる2項、対置せしむれば、ちがいはいよいよ明らかなり」と、ローマ法大全、己の道理にしたがう訴訟人にかんする法令1≪検討せん≫の節、ならびにローマ法大全、物的および精神的報酬にかんする報酬法≪混合≫の節に記されておるからで。そこで原告にも、このとき同じようにサイコロのひとふりを認めますのじゃ。

　——しかし、とトランカメル・ホラフキンがたずねた。判事殿は、原告被告双方の道理の曖昧なることを何によってお認めなさるのじゃ？

　——みなさまと同様に、とバカーヒルは答えた。つまり、あちら側にもこちら側にも書類がたんとあるときですな。そのときはみなさまと同様に、小さいサイコロをつかいます。その根拠はローマ法大全、道理の諸規則にかんする法令≪約定に於てはつねに≫、ならびに同問題、同題目の大文字詩句法令「曖昧なる訴訟においてはつねに最も小さきものを採用す」でして、この詩句法令は教会法典によって、曖昧な問題にかんする法典、同題名、第6書のなかに採り入れられております。このほかに大きな美しいサイコロも所持いたしておりますが、それはみなさまと同様に、事件の見通しがよいとき、つまり双方の書類が少ないときに使いますのじゃ。

　——してそのあとは、とホラフキンがたずねた。どの

ようにして判決を下される?

——みなさまと同様に、とバカーヒルは答えた。護民官かつ法務官的なる裁判サイコロが偶然にさだめた運命によって、先に大きい目の出た方を勝ちといたします。それがローマ法大全≪最初に抵当権をもつ者≫の法文、ならびにローマ法大全、執政官にかんする法令≪最初の者≫および≪債権者≫の命ずるところでしてな。また、教会法典6の法令第1条と道理の規則にも「先に位をえた者は法においても優先される」とありますわい。

(ラブレー『第三の書』第39章)

ブリドワ判事を笑うのはやめておこう。ラブレーも彼を寛大にあつかっている。なにしろ遠い昔から、判事も司祭も、将軍も独裁者も、王も皇帝も、重大な物事を決するよりどころとして、サイコロ、鳥の飛翔、落馬、神鶏(しんけい)の食欲、生贄(いけにえ)の動物の内臓、奇形児の誕生、彗星の出現、コーヒー滓(かす)の模様、巫女(みこ)ピュティアの譫言(うわごと)、暖炉の燠(おき)、煙の形、手相、失神、叫び声、夢、その他もろもろを使ってきたのだ。そうまでして運命を知り、しるしを読み解こうとする人類の狂騒には、ひとりの≪他者≫の意向を見抜きたいという欲望が認められはしないか。

わたしたちは、巧妙に姿を隠した≪プレイヤー≫を相手に、むこうの戦略も、こちらに何を期待しているのかもわからずにゲームをしているのだろうか。それとも単にリスクを恐れ、肩にかかる責任という重荷を下ろしたくて悪あがきしているだけなのだろうか。もちろんそれがありふれた意思決定で、

やり直しが何度でもきくなら、少しぐらい失敗してもかまわない。この場合は、ランダム戦略をとれば統計的に成功が見込める。今日の損失は明日の儲けで埋め合わせればよいのである。

しかし、サラミス海戦（B.C.480年）を決定したアテネ人の孤独を想像してみてほしい。他のギリシア都市はほとんど戦わずにペルシアに屈してしまった。アテネ人だけが街を捨て、不慣れな海に乗りだしたのだ。女子供はサラミス島に移され、男たちは今、サラミス海峡で自軍の10倍の規模をもつ敵軍艦隊を迎え撃とうとしている。もし失敗すれば、チャンスは二度とめぐってこない。男たちは殺され、女子供(おんな)は奴隷にされ、アテネ人もその都市も歴史から永遠に忘れられてしまうだろう。

もちろん、これほど極端な例はめったにあるものではない。だがわたしたちもつねに何事かを決定しながら生きている。ときには決して再現することのない状況のなかで、重大な決定を下さなければならない。職業の選択や結婚は一生にかかわる問題であり、家の購入や投資は大きな経済的リスクをともなっている。どの決定も1回限りで、不確実性の霧におおわれている。こうした決定を下すとき、もはや後戻りはできないこと、しかし問題をくまなく理解しているわけではないことをわたしたちは自覚している。

そこで、たとえば神鶏の食欲や太陽黒点のような、一見、当の問題とは関係のなさそうなことを含め、集められる限りの情報を集めようとするのである。それに、いったん決定を下してしまえば、今度は自己成就の効果が期待できる。たとえば、結婚生活が幸先(さいさき)よくはじまったと思える夫婦は、その

後の生活もうまくいきやすいだろう。もしすべての投資家が太陽黒点説を信じるなら、太陽黒点の減少に応じて対策を講じた結果、予測どおりの恐慌が引き起こされるだろう。

神託をはじめとするあらゆる種類の占いは、社会的に重要な役割を果たしているようである。個々人の予測をひとつの集団用出口へと導いてやることによって、予測が実現するチャンスを高めているのだ。

紀元前558年、カルデア軍（バビロニア軍のこと）がエルサレムを包囲したとき、預言者たちは街中をまわり、まもなくエジプトから援軍が到着して包囲網は解かれるだろうと予言した。このとき彼らは自分たちの社会的役割を果たしていたのだ。ただエレミヤだけが悲観論を唱えつづけていた。

> この都にとどまる者は、剣、飢饉、疫病で死ぬ。しかし、出てカルデア軍に投降する者は生き残る。命だけは助かって生き残る。
>
> 　　　　　　　　　　　　　　　　　（『エレミヤ書』第38章2節）

これを聞いて彼を溜池(ためいけ)に放りこんだ役人たちやゼデキア王の怒りは理解できる。だがまさに大勢(たいせい)につかないその態度こそ、彼がヤハウェから選ばれた者であることの何よりのしるしなのだ。

社会的な合図として偶然を利用する

占いが社会的に重要な役割を果たすというのは、ブリドワ・バカーヒル判事にかんする寓話の最後の意味でもある。

というのは、この寓話は訴訟の調停の話で終わっているのだ。長期にわたった激しい紛争もさすがに勢いが衰えてきたとき、原告被告の双方が裁判と上訴で破産してしまったとき、家族や友人から見放されたとき、怒りが倦怠感に変わってしばらく経ったとき——そんなときが和解のチャンスである。原告側も被告側も今では何とか平和に戻りたい、仲直りをしたいと思っている。だが、ひとつだけひっかかることがある。それは、自分から和解をいい出すと体面が保てない、ということだ。

だから判決なり、調停者の介入なり、外から何かきっかけがあたえられれば、双方が喜んでそれに飛びつき、争いは葬り去られる。このとき、決定の内容はさして重要ではない。最後の決定が下るという、そのことが大事なのだ。

バカーヒル判事は書斎の奥の訴訟書類の前で、小さいサイコロでも大きいサイコロでも振るがよい。訴訟は行くところまで行き、最初の恨みはとうに忘れられている。そこに判事の託宣が下ることで、相互の和解と関係修復のための形式的な条件がととのう。

もしこれが道理や道徳的な判断をすべき場面なら、サイコロを振るのはたしかにバカげている。しかし、社会的な合図としてなら、たとえば2台の車が交叉点に同時に着いたとき、どちらが先に通るかを信号の色で決めるのと同じように、まったく理にかなったことなのだ。

ボルヘスは『千夜一夜物語』に関する有名な講演のなかで、わたしの蔵書には収録されていないある小話を披露している。カイロに住む男の話である。あるとき男は夢をみて、ペルシ

アのイスファハンへ行け、さるイスラム寺院で宝がおまえを待っている、と告げられる。

あまり毎晩同じ夢をみるので、男はついに出発する。多難な旅で、いくつものキャラバンに身を寄せ、あらゆる種類の強盗に遭い、身ぐるみ剥がれ、疲労困憊してようやくイスファハンにたどりつく。めざす寺院に到着して夜をすごそうとすると、そこは泥棒の巣である。ちょうどその夜、踏みこみ捜査がおこなわれ、男は捕まってしまう。

さんざん棒で打たれた末、裁判官の前に連れていかれ、なぜそんなところにいたのかを説明するよう命じられる。そこで夢の話をすると、裁判官は大口あけて笑い出し、のけぞったあまりに後ろにひっくり返ってしまう。しばらくして笑いがおさまると、裁判官は目にたまった涙をふきながら男にこう語りかける。「お人好しの異邦人よ、そういう夢ならわたしは三度も見たぞ。エジプトのカイロに行け、さる道に家があり、家には庭があり、庭には池と日時計と古いイチジクの木があり、その木の下に宝がある、とな。わたしはこれっぽっちも信じなかったが、今にして思えばそれでよかったのだ。さあ、路銀をやるから家に帰れ。もう二度と悪魔が送ってよこす夢など信じるな」。カイロの男は礼をいって家に帰り、庭に直行して、池と日時計の間にあるイチジクの木の下を堀り、宝を発見する。

この話の愉快なところは、裁判官と旅人がどちらも自分の判断の結果を喜べる点にある。彼らの分析は正反対なのに、どちらも事実によって全面的に正しさが裏づけられる。裁判官はありもしない宝を求めてはるばるやってきたお人好しを笑いながら、心静かにイスファハンで生涯を終えるだろう。

一方、カイロの男は夢を信じてよかったと喜びながら一生を送るだろう。どちらもそれぞれの方法で完璧に未来を予想したのである。

第4章

カオス

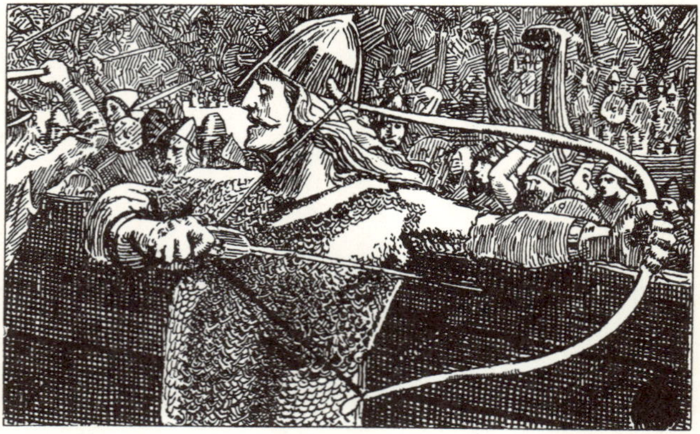

3章に引きつづき『オーラヴ・トリュグヴェソン王のサガ』より、ノルウェー王オーラヴ・トリュグヴェソンと、デンマーク王スヴェイン、スウェーデン王オーラヴ、およびエイリーク伯爵らの連合軍によりスヴォルデ島付近で戦われた海戦の模様を取り上げよう。

　ノルウェー軍きっての弓の名手、エイナル・タンバルスケルヴェは、長龍丸のマストの下に立ち、矢を射ていた。エイナルがエイリーク伯爵めがけて矢を放つと、矢は伯爵の頭上をかすめて舵棒(かじぼう)に突き刺さり、矢尻の口巻まで食いこんだ。それを見た伯爵は、射手は誰かとたずねたが、そのときまた矢が飛んできた。矢は伯爵の脇腹と腕の隙間を飛び過ぎ、後ろの板に突き刺さってそれを、射貫(いぬ)いた。

　伯爵は部下のひとりに命じた——その男も弓の名手で、ある者によれば名はフィン、他の者によればフィンランド出身であったという——「あの大男、マストの下にいる奴を狙え」。フィンが射ると、矢はちょうど3本目の矢を引き絞っていたエイナルの弓の中央に命中し、弓は真っ二つに裂けた。

「何だ、今の大きな音は」

　とオーラヴ王は叫んだ。エイナルは答えた、

「ノルウェーです、陛下。ノルウェーが陛下の手から落ちたのです」
「いやそこまで大きな音はしなかった」
　と王はいい、
「わたしの弓をやる、それで射よ」
　といいながら弓を投げてよこした。エイナルがそれをつかんで矢を引き絞ると、弓はたやすく撓(しな)り、矢尻との間が大きくあいてしまった。エイナルは、
「柔すぎる。王の弓は柔すぎる」
　と叫ぶと弓を投げ捨て、剣と盾をとって戦いに身を投じた。
　　　　　　　　　　　　（『オーラヴ・トリュグヴェソン王のサガ』108）

　スヴォルデの海戦は、オーラヴ王の敗北に終わった。戦いは熾烈(しれつ)をきわめたが、さいごは多勢に無勢、さすがの猛者(もさ)たちも長龍丸を守りきれなかった。敵に殺されなかった者たちは捕らわれるのを嫌って入水し、オーラヴ・トリュグヴェソン王も海に身を投げた。しかし、彼の遺体はついに発見されなかった。これが、のちに王生存説のもととなる。一方、弓の名手エイナル・タンバルスケルヴェは殺害をまぬがれた。このとき弱冠18歳。その年齢がことさらサガに記されているのは、それほどの若さで王の護衛兵に選ばれるのが大変な名誉だったからである。彼はなかなかの豪傑(ごうけつ)で、やがて聖オーラヴ王（オーラヴ・ハラルドソン王）の腹心の友となるが、のちにハラルド苛烈(かれつ)王の待ち伏せにあって、息子ともども殺されてしまった。
　スヴォルデの戦いのあと、ノルウェーはデンマーク王、ス

ウェーデン王、エイリーク伯爵の三者により分割された。勝者たちは、長龍丸に乗ったエイリーク伯爵をはじめ、いずれもかつてはオーラヴ・トリュグヴェソン王のものであった見事な艦艇で、意気揚々と引きあげた。

　ほんのわずかなちがいがあれば、この結末はまったく違ったものになっていただろう。エイナル・タンバルスケルヴェの矢は、一度目はエイリーク伯爵の頭を、二度目は胸を、わずか２、３センチそれて飛び過ぎた。もし命中していれば、まちがいなく伯爵の命を奪っていたはずだ。逆に、フィンの放った矢は、エイナルが三度目の矢を引き絞ったその瞬間にエイナルの弓に命中した。時間的にも空間的にも寸分の狂いもない、まさに奇跡的な出来事だった。一方にとっては何たる幸運、他方にとっては何たる不運であろうか。

　もしエイリーク伯爵が殺されていたら、長龍丸は守られ、勝負は逆転していただろう。オーラヴ・トリュグヴェソン王は無事に祖国の土を踏み、ノルウェーは長い混乱期に突入することなく、オーラヴ・ハラルドソンは平和のうちに王に即位していたかもしれない。そうすればおそらく彼は平凡な君主として終わり、今日、わたしたちは『聖オーラヴのサガ』という傑作を手にすることもなかっただろう。

　矢の軌跡が２、３センチずれるだけで、人々の運命が変わり、一国の運命が決まるというのだから、ため息のひとつも出ようというものである。けっきょくそれは、射手の位置が10分の数ミリ右か左に寄りすぎていたか、矢を放つタイミングが10分の数秒早すぎたか遅すぎたせいなのだ。

　弓の名人は、微妙なずれから大きなちがいが生ずるというこの性質を、うまく利用するすべを心得ている。手をほんの

第４章　カオス

少しずらしただけで矢の軌跡が目に見えて変わるからこそ弓術は成立するのであり、おもしろいのである。そのためには動作と狙いが正確でなければならない。それは弓術の初心者が最初からできることではなく、しかるべき訓練を辛抱強くつづけた末にようやく習得できることだ。厳しい訓練を積んではじめて身につく第2の本能のようなもので、身につけば新しい知覚がひらけてくる。一方、投石はそのような訓練を必要としないが、パチンコでも使わないかぎり矢より効率が悪いし、たとえパチンコを使っても、誰もが上手にそれを操れるわけではない。

もしあのとき……

パスカルは、重大な物事が予見不可能な要因によって決まることに早くから気づいていた。「クレオパトラの鼻がもう少し低かったら、この世のようすはすっかり違っていただろう」という彼の言葉は有名である。じっさい、勝てたかもしれないアクティウムの海戦でアントニウスの艦隊が潰滅したのは、激戦を嫌ったクレオパトラのガレー船のあとを追い、指揮官アントニウスの船が戦場を逃げ出したからだった。もしアントニウスが勝って、アウグストゥスが初代ローマ皇帝になっていなかったら、ローマ世界のようすはかなり違っていただろうか。それはわからない。しかしアウグストゥスの治世を特徴づけた文芸の繁栄が、彼とその友マエケナス（英語読みはメセナ）の個性と密接に結びついていたことは確かなのだから、もしこの事件がなかったとしたら、マエケナスに才能を見いだされた詩人のウェルギリウスもホラティウス

も、また西洋文明に大きな足跡を残した他の多くの芸術家たちも、今日わたしたちに知られることはなかったに違いない。

ところでわたしは昔、つぎのようなSF小説を読んだことがある。著者はアイザック・アシモフで、題名は"Spell my name with an ≪S≫"（私の名はSで書け）という（邦訳の題名は『ZをSに』。ハヤカワ文庫『停滞空間』所収）。

物語は東西冷戦時代のアメリカで、二流の軍事研究所に勤務する冴えない物理学者の描写からはじまる。自分の境遇に不満な彼は、周囲には内緒で、ある隠者のもとに相談にいく。隠者は彼の名前の文字をひとつだけ変えれば悩みは解消すると告げる。物理学者は自分の信じやすさを恥ずかしく思いながらも、いわれたとおり、名前を変更する手続きをすませる。すると本当に数ヶ月後、超一流大学の重要なポストが提供されるのである。

なぜそんなことになったか。種を明かせば、じつは名前変更の内容があまりにも些細だったことが警察の注意を引いたのだ。もしこれが滑稽な名だから変更するとか、大幅に変えるとかなら理解できる。だが、たった1文字変えたくらいで、発音しにくい名前が発音しやすくなるわけでもない。それなのになぜ変えるのか、と疑念を引き起こしたのである。その結果、書類は防諜機関にまわされ、東側の同名の人間が全員調べられることになる。そして、そのファイルのなかに、核物理学のあまり知られていない分野を研究しているソビエト連邦の学者がひとり発見される。そして大がかりな調査の末、ちょうどこの分野の著名な学者が全員、この1年のうちに姿を消したという事実が浮かびあがる。どうやら秘密の研究所で働いているらしい。こうして、少しずつソ連の大規模な軍

事計画が明らかになり、第3次世界大戦が回避され、そのついでに、事のきっかけをつくった貧乏な物理学者の処遇が問題になり、彼を軍部から出して民間研究機関の名誉ある地位を提供することが決まるのである。

　この物語のミソは結末にある。もちろん、くだんの隠者は宇宙人だった。この宇宙人は友人と賭をしていた。その賭とは、ごく弱い刺激（無名の人物の名前を1文字だけ変える、という刺激）をあたえて、最高の結果（ある惑星の破壊を回避する、という結果）を得るというものである。彼はこの賭に勝った。負けた友人は悔しがり、あらためて大勝負を挑む。ではこの結果をくつがえすことができるかね、ごく弱い刺激から地球の破壊を引き起こせるかね。相手は賭に応じ、物語はそこで終わるのである。

指数関数的不安定性

　この寓話やパスカルの言葉が示していること、それは、微小な変化が時の流れにそって正常に展開していくうちに重大な結果となりうる、ということだ。この現象は数学ではよく知られ、指数関数的不安定性と呼ばれている。たとえば気象学では、擾乱（perturbation. 大気の局地的な乱れのこと）の大きさは、その発達を妨げるものがなければ、3日ごとに倍増することが知られているが、これを数学の言葉でいうと、大気の循環を支配する（したがって気象を左右する）方程式は指数関数的不安定性をもつ、ということになる。

　地球表面の大気の状態（気圧、温度、湿度）があたえられれば、それを初期条件にもつ方程式の解として、今後の時間

発展は完全に決定される。その解を計算で求めることができるとは限らないが、ともかくそこに偶然は関与していない。今、初期条件が、たとえば1匹の蝶が羽ばたいたり、1本のロウソクに火がともったりしたために、ほんの少しだけ変わったとする。おそらく、しばらくのあいだ（数日間かもしれない）は大した影響もなく、もとの大気状態と、わずかに変わった大気状態の見分けはつかないだろう。だがこの微々たる変化は、時とともに指数関数的に拡大する。3日で2倍なら、1ヶ月で2^{10}倍、2ヶ月では2^{20}倍、したがって1年では2^{120}倍。2^{10}は10^3にほぼ等しいから、1年でおよそ10^{36}倍にふくれあがるという計算になる。これはとてつもなく大きな数であり、蝶の羽ばたきやロウソクの炎が1年後に本当に台風を引き起こしうることを示している。つまり、それら以外の条件がまったく同じ大気においては、1年後に台風は発生しなかったはずである。

　もちろんこれは、蝶に用心しなさいということでもなければ、ロウソクが環境に害をおよぼすということでもない。ふつうなら擾乱は時とともに他の擾乱によって相殺される。羽ばたきや炎によって生じたかすかな風が、大気を刻々と動かす無数の風にまぎれてしまうことは大いにありうる。

　だが擾乱は重ね合わされることもあり、条件がそろえば、微々たる空気の揺れがきっかけとなって大気の複雑な変化がはじまり、それがついには台風のような大きなカタストロフ（破局）につながっていく。それはあたかも崖の上であやうく平衡を保っていた岩が、ほんのひと押しで転がり落ちていく様子に似ている。要するに、将来起こることを知りたければ——たとえば来年の今日のパリの天気を予言したければ

第4章　カオス

——アマゾンの密林にいる蝶の羽ばたきや、教会の燭台にともされているロウソクのようなものまで、ありとあらゆることを考慮に入れなければならない、ということである。

しかし実際問題としてそんなことは不可能だ。そんなに膨大な観測データは集められないし、かりに集められたとしても処理できない。だからこそ気象学は、可能な限り強力なコンピュータをもっているにもかかわらず、長期の天気が予言できないのである。

不安定性を利用する

こうした考えは今ではすっかりあたりまえになっているが、その源流はジョン・フォン・ノイマンにあるといってよいだろう。第2次大戦中、アメリカ政府の中心的科学顧問であった彼は、電子計算機の用途について熟考を重ねていた（電子計算機の初期の試作品は、彼の指揮によりロスアラモスでつくられた）。

戦略上の主要問題のひとつは、天気を正確に予測することだった。とくに連合軍がノルマンディー上陸作戦を成功させるために、これは非常に切実な課題だった。そこで、電子計算機を使えば天気が正確に予測できるようになるかもしれない、と大きな期待がよせられていたのである。

だが、まもなくフォン・ノイマンはこのアプローチの限界に気づいた。方程式が初期条件の変化に敏感なために、正確な長期予測ができないことを理解したのだ。しかしさすがに天才だけあって、彼はそこからさらに独創的なアイデアを引きだした。この不安定性そのものを利用して、天気を誘導す

ることができるのではないかというのだ。羽ばたきや炎からそれほど大きな結果が引き起こされるなら、意識的にそれを誘発してもよいではないか。もしかしたら天気は、予測するより誘導するほうがやさしいのかもしれない……。

　車を運転するとき、わたしたちはこれと似た不安定性を利用している。それを実感するには手をハンドルから放してみればよい。すると車は曲がりはじめる。はじめのうちはわずかに、だがしだいに大きくカーブして、しまいには道を外れたりＵターンをはじめたりする。だからこそ１トン余りもある車を指１本で運転できるのだ。

　ただ、あいにく大気には、これほど直接的に不安定性をコントロールできるメカニズムはない。小さな擾乱の効果はかなり後にならなければ感じられず、蝶の羽ばたきの効果が目にみえるようになるには１年くらいかかる。もっと直接に観測できる結果、もっとコントロールしやすい効果がほしければ、大気にもっと大きな擾乱を起こして、水素爆弾の爆発に匹敵するエネルギーをもたせなければならない。つまり気象をコントロールするためには想像を絶するほど巨大なエネルギーを制御する必要がある。しかし、わたしたちのテクノロジーはまだそのレベルには達していないのである。

時間の尺度の問題

　こうしたことはすべて、考える時間の尺度によって事情が異なることに注意しよう。１年単位なら、指数関数的不安定性があるために、天気を予言することはできない。来年の今日、パリで雨が降るかどうかを予言できるほど正確な計算は

事実上ありえないからだ。けれども尺度を小さくすればこの問題は消滅してしまう。というのは、明日の天気なら正確に予言できることもあるし、1分後、いや1時間後の天気くらいなら専門的な知識がなくても予言できるからだ。

　反対にもっと大きな尺度、たとえば千年単位で考えると、もはや気象ではなく気候の話となり、指数関数的不安定性はまた別の姿をとってあらわれる。じっさい、このくらいの規模になると問題はもはや天気を予言することではなく、ある種の規則性を見抜くことになってくる。その規則性とは、地理学者が気候という名で分類・研究しているものだ。海洋性気候と大陸性気候、温帯性気候と熱帯性気候、赤道気候と極地気候。こうした言葉はよく知られており、わたしたちも同じ時期にほぼ同じ条件をもたらすこれらの大きな規則性の存在を疑ったことはない。そして天候が例年と異なるとき、たとえばいつもより気温が高くて乾燥した年がつづくときは、気候に異変が起きているのだと思い、その原因は大気汚染や火山の爆発といった外的要因にあるはずだと考えるのである。

　とはいうものの――。なぜ千年単位のときにかぎって、1日や1年単位では見えない規則性を期待するのだろう。同じ季節のなかでも天気は日々変化し、晴れの日もあれば曇りの日もあり、乾いた日もあれば湿った日もある。尺度が変わっても同じことがいえるのではないだろうか。雨のあとは晴れるように、寒冷期のあとに温暖期がくるのは当然であり、外的要因で説明する必要などないのではないだろうか。氷河期の説明にしても太陽周期などをもちだす必要はなく、たんに指数関数的に不安定な系の内部で起こった時間発展の結果だといえばすむのではないだろうか。なぜ規則性などなさそう

なところに規則性を見ようとするのだろう。なぜ、いつも基準からのずれを気にして、そのわけを説明しようとするのだろう、その基準はわたしたちの頭の中にしか存在しないのに。

宇宙飛行士たちが眺めたわたしたちのふるさと、地球の姿を思い浮かべてみよう。それは、暗黒の宇宙空間に浮かぶ青い宝石だ。その表面で、雨をもたらし気流をあらわす白い雲がゆるやかに舞っている。

この惑星はいろいろな意味で独特である。とりわけ、わたしたちがこの永遠なる雲の舞いにつきしたがうしかなく、遠い未来にそれがどのような紋様を描くかを予言できないという意味で。地質学的な尺度でみれば、海の水位はランダムに変化し、氷河の前線はランダムに移動するはずである。

ところが、ああ、何というパラドクス！ ほとんど完全なこの予測不可能性は、高度の構造安定性とともにあるのだ。来る年も来る年も、たまに遅れることはあっても、モンスーンはかならず戻ってきてインドと中国のあたりに雨を降らせる。アゾレス諸島の高気圧は、季節と年によって場所は変わるが、けっして消え失せはしない。西欧の人々はつねに、ジブラルタルの沖に大きな高気圧があることを知っている。

もしも創造主が、この地球と同じ規則にしたがう別の惑星を見せてくれたとしたら、わたしたちがここで目にしているのとあらゆる点でよく似た光景が、その惑星でもくり広げられているのが見えるだろう。たしかに、あちらの天気もこちらと同じくらい予測不可能で、気候も同じくらいきまぐれに変化するだろうが、目に映る光景はすべてわたしたちにとってなじみ深いはずだ。その惑星の晴天は地球の晴天とあらゆる点で似ているだろう。

その惑星でも、さまざまな大気現象とともに季節はめぐり、アジアのモンスーン、アゾレスの高気圧と同じような現象が見られるだろう。といっても、その大陸分布が地球とほとんど変わらなければの話である。いいかえると、地理的条件が似ているから気候が似るのであって、ある時の大気条件が似ているから1年後の大気条件が似るのではない。指数関数的不安定性のため、量的な長期予測は不可能だけれど、質的な面なら非常に長期にわたって見通すことも可能なのである。

系が複雑だから、ではない

もしかしたら読者は、そんなことは最初からわかりきっているではないかというかもしれない。大気がこの上なく複雑な系で、どんなに遠く離れた空気もしまいには影響を及ぼしあうことくらい、専門的な知識がなくてもわかるではないか。それに、大気は地球表面や惑星間空間と接しているから、それらの影響も受けている。それほど複雑な系が複雑にふるまうことに何の不思議があろうか。どんなに予測をしても実際の天気はそのときになってみなければわからない、というのは、重要なパラメーターをすべて入れて計算することが不可能だからにすぎないのではないか。

ところがそうではないのである。系が複雑だからそのふるまいが予測不可能なのではない。単純な系でも、予測不可能なふるまいをすることはあるのだ。じっさい、気象学者E.ローレンツは大気の時間発展を決める方程式をたった三つにしぼり、そんな縮小モデルでも元の系のとほうもない複雑さが保たれるようすを示してみせた。

したがって、指数関数的不安定性にしても、その結果を予言することの難しさにしても、特別な場合にだけあらわれるのではなく、どんなに単純な状況でも、また逆に複雑な状況でも、同じようにあらわれるのだ。といっても、その意味を考えるには、単純な例で研究する方がわかりやすい。普通、気象学であつかう方程式には無数の変数が関与しているが、ここではしばらく、ただひとつの変数 x によって書かれる系（1次元系）を考えることにしよう。系がただひとつの状態変数 x によって書かれるとは、その系の状態がただひとつの数であらわされる、ということだ。その数とは、考えている時刻に状態変数がとる値にほかならない。

　さらに単純にするため、時間を離散量と考えよう。つまり時間変数 n は、整数の値しかとらないとする。$n=0$ は基準時をあらわし、負の整数値 $n=-1, -2, -3, \cdots\cdots$ は過去の時をあらわす。時刻 n に状態変数がとる値を x_n とすると、系の時間発展は、過去（$n<0$）と基準時（$n=0$）と未来（$n>0$）の n に対応するすべての x_n を1列に並べたものによって完全にあらわされる。n が正と負のすべての整数値をとるので、この数列は2方向に無限につづく数列である。

　さて、ある系において時刻 n における状態 x_n がその直前の状態 x_{n-1} とつぎのような関係で結ばれているとき、この系は決定論的であるという。

$$x_n = f(x_{n-1})$$

ここで関数 f は系の法則をあらわし、これさえあれば系の過去も未来もすべて初期状態 x_0 から計算することができる。

第4章　カオス　**157**

じっさい上の公式を順に適用するだけで、まず $x_1=f(x_0)$、つぎに、

$$x_2=f(x_1)=f(f(x_0))=f_2(x_0),$$

 同様にして $x_n=f_n(x_0)$ となる。このように x_n は x_0 に法則 f を n 回反復適用して得られるので、x_0 の第 n 回反復と呼ばれている。
 ただひとつの状態変数と離散時間をもつこれらのモデルはとても単純に見えるけれども、そこから生み出される現象には、まるで複数の状態変数と連続時間をもつモデルの現象のように見えるものも多い。そのひとつが指数関数的不安定性である。たとえば、つぎにあげる二つの系をくらべてみよう。

$$x_n = x_{n-1} + 10$$
$$x_n = 10 \times x_{n-1}$$

これらはそれぞれ、つぎのような形に書くこともできる（上の２式は x_{n-1} をつかって x_n を計算する方法をあらわしているが、つぎの２式は x_0 と n をつかって x_n を計算する方法をあらわしている）。

$$x_n = x_0 + n \times 10$$
$$x_n = x_0 \times 10^n$$

これら二つの系はどちらも完全に決定論的である。ところがこれから見るように、そのふるまいは非常に異なっている

のである。

　ひとつ目の系では、ある状態の変数に一定量（この場合は10）を加えることによって、つぎの状態へと移っていく。このような系の場合、初期状態における誤差は永久に変わらない。たとえば初期状態で 0.001 の誤差が生じたとすると、どんなに遠い未来や過去においても、きっかり 0.001 の誤差をもつことになる。$x_n = x_0 + 10n$ という式は、n が 0 からどれだけ離れても、x_0 で生じた誤差が、増えも減りもせずにそのまま x_n の誤差となることを示している。

　これに対して二つ目の系では、$x_n = 10^n x_0$ という式が示しているとおり、反復のたびに誤差は10倍に増える。つまり時がたつにつれて誤差は急速に増大するのだ。初期値に 0.001 の誤差があれば、3回目の反復で誤差はすでに1となり、6回目では 1000、n 回目では 10^{n-3} となる。

　今度はこの状況を図形の上で考えてみよう。そのためには円周とその上の点（Mとする）を思い浮かべ、点Mが円周上に定められた基準点Aから何回転した位置にあるかを、状態変数 x の値があらわしていると考えればよい。

　たとえば、$x = 0$ であるとは、点Mが基準点Aから0回転したところにあるということだから、点Aの位置にとどまるという意味になる。$x = \frac{1}{4}$ は、点Mが点Aから正の方向に（反時計まわりに）$\frac{1}{4}$ 回転した位置にあるという意味、$x = \frac{1}{2}$ は、点Mが点Aから半回転した位置にあるという意味、そして $x = 1$ は、点Mがふたたび点Aの位置にあるという意味になる。ここで注意すべき大事なことは、差がちょうど1であるような二つの x の値には、回転数がちょうど1だけ異なる点が対応するということ、つまりそれらの位置は円周上で

第4章　カオス

は完全に一致するということだ。

ここで、先にあげた二つの法則をあてはめてみると、ともに決定論的でありながら、そのふるまいは非常に異なっていることがわかる。ひとつ目の法則 $x_n = x_{n-1} + 10$ では、点Mの位置は変化しない。1回反復するたびに、点Mはきっかり10回転分だけ移動する、ということは、その位置はじっさいには少しも変わらないからである。けっきょくこの法則は不動性をまわりくどく述べたにすぎず、系をあらわす点Mは永久に出発地点にとどまっている。もちろん、最初の位置測定の誤差、つまり出発点からのわずかなずれは、どの時刻でも元のままに保たれる。

初期値が無限小数になる場合

ところが二つ目の系ではそうはならない。この系の法則によって点Mの円周上での位置はじっさいに変わり、その移動の仕方は、出発点がどこにあるか、どの時刻を考えるかによって異なってくる。

たとえば、基準点Aを出発点とすれば（つまり $x_0 = 0$ ならば）、点Mは永久にそこにとどまっている（$x_n = 0$）。点Aから半回転した位置にある点Bを出発点とすれば（$x_0 = \frac{1}{2}$）、初回の反復で点Aに移り、そのあとは点Aにとどまる（nが1以上ならば $x_n = \frac{10^n}{2}$ は整数だから）。一般に、初期値 x_0 が有限小数であらわされるとき、つまり x_0 の小数展開が $x_0 = a_0.a_1 a_2 a_3 \cdots a_N 000 \cdots$ と書けて、a_N のあとの数字がすべて0になるとき、点MはN回目の反復で点Aに移り、そのあとはもう動かない。

ところが、初期値 x_0 が無限小数であらわされるとき、点Mの動きはずっと複雑になる。これについて少し詳しく考えてみよう。初期値を $x_0 = a_0.a_1a_2a_3\cdots\cdots$ と書き、「……」の部分に0でない数字がいくらでも出てくるとすると、時刻 n における点Mの位置は、$a_0.a_1a_2a_3a_4\cdots\cdots$ の小数点を右に n 個ずらした数によってあたえられる。

　たとえば、初回の反復は $x_1 = a_0a_1.a_2a_3a_4\cdots\cdots$ となる。このとき整数部分（小数点の左側）は、整数回の回転に相当し、点Mの位置には影響しないから忘れてしまってかまわない。そこで時刻 $n=1$ のとき、点Mの位置は $0.a_2a_3a_4\cdots\cdots$ によってあたえられる。同様に、時刻 n における点Mの位置は $x_n = 0.a_{n+1}a_{n+2}\cdots$ によってあたえられる。このとき最も重要な数字は a_{n+1} である。なぜならこれが円周上における点Mの位置を誤差 $\frac{1}{10}$ で決めるからだ。そう思って見ると、この系の法則は虫眼鏡のような働きをしている、いや、倍率を上げて細部を明らかにしていくという意味で、顕微鏡のような働きをしているといってよい。

　観察するたびに、1桁下の数字があらわれる。出発点のおおよそ位置を決めるのは、$n=0$ における小数点以下第1位の数字、つまり a_1 だ。しかしつぎの観察ではこの数字はもはや重要ではなくなり、今度は a_2 が重要になる。回を重ねるにつれて、初期値の小数点から遠く離れたところまで数字を探しに行かなければ、点Mのおおよその位置はつかめない。つまり時刻 n における系の状態を知るには、初期状態 x_0 の小数点以下第 $(n+1)$ 位まで知らなければならないのだ。

長期予測ができない本当の理由

　ここからただちにわかることは、この系の時間発展を未来永劫(えいごう)にわたって正確に予言したければ、初期値の小数点以下の数字をすべて知らなければならないということである。

　しかし、そんなことは現実には不可能だ。数学者は気安く数直線上に$\frac{1}{2}$や$\sqrt{2}$やπを置くなどというが、これは純粋に頭の中だけの操作、幾何学的な抽象化である。そこで扱われるのは形も厚みもない非物質的な点だ。けれども実際問題として、観測の精度には限りがある。したがってここに示したような数学モデルは、あまりにも小さい尺度や、あまりにも遠い未来を問題にすると、物理的な意味を失ってしまう。長期的なふるまいが、考えているモデルの外部の変動によって決定されるのはこのためである。

　さらに悪いことに、観測の精度は計算のたびに確実に失われていく。たとえ出発時 $t=0$ における状態が小数点以下第N位までわかっていたとしても、つぎの $t=1$ における状態を求めるために10倍すると第（N-1）位までしかわからなくなり、$t=n$ では小数点以下第（N-n）位まで、そしてとうとう $t=N$ では何もわからなくなる。いいかえると、回を重ねるたびに誤差が10倍になるので、最初にもっていた情報がしまいにはすっかりぼやけてしまうのだ。これが指数関数的不安定性である。

　系がこの性質をもっているときは、それがたとえ単純な1次元系であっても、また、大気のような複雑な多次元系であっても、その力学法則は現像液のように作用する。つまりそれは、初期状態のなかに含まれてはいたものの、測定の精度

に限界があるために直接見ることのできなかった情報をしだいに浮かび上がらせるのだ。先にあげた簡単な例では、初期位置の小数点以下第 ($n+1$) 位にあった数字が、第 n 回目の観察によって明らかになった。気象学でいえば、今日の大気状態に含まれてはいるけれど、規模が小さすぎて直接には観測できない情報が、1年後の気象観測によって判明するのである。

「偶然」という名のベールをかける

だが見方をかえて、あらゆる情報は有限にならざるをえないのだから、たとえば有効数字を12個より多くしても無意味だ、と考えることもできる（有効数字12桁は、現在の測定技術で望める精度の限界である）。

この場合、情報は「判明」するのではなく、文字通り「創出」される。$0.a_1 a_2 \cdots$ ではじまる初期状態が小数点以下第12位までしか知りえないとすれば、12回目の観測で得られる $x_{12} = 0.a_{13} a_{14} \cdots\cdots a_{24}$ はまったく新しい情報である。同様に、1年後に重要になる気象条件のなかから今日の大気状態にない情報を抜き出すなど、きわめて難しいどころかそもそも不可能であり、第一無意味である。それより、時とともに情報が創り出されると考えたほうがよい。

どちらの見方をとるかによって、情報は判明するか、あるいは創出される。どちらにしても、遠い未来の時間発展を知るために最も重要な情報は、現時点では手に入らない。これをわたしたちの不備のせいにすれば、もとからあった情報が時をへて判明したということになり、逆に、物事の本質がそ

第4章 カオス **163**

うなのだと考えれば、観測のたびにあらわれる小数点以下第12位の数字は、≪無から≫創り出されたということになる。以上のことをふまえ、ここでは、系の今後の時間発展は、今日確認できるかぎりの「状態」と、「偶然」によって決まる、と表現してみよう。

つまり、知ることを断念した情報に「偶然」という名のベールをかけるのだ。この「偶然」は、上に述べた二つの見方にしたがって2通りに解釈できる。ひとつ目は、サイコロの目を思い通りに出せないのは人間が不器用なせいだと考えるのと同じように、偶然を人間の不備に帰する解釈。偶然はすべてを知り得ない人間が見てしまう幻想であると考える。これに対して二つ目は、偶然は本質的で、量子力学的な偶然のように、自然そのものに根ざしているという解釈である。

だが、いずれにせよつぎの問題を考えなければならない。すなわち、情報はどのくらいの速さで創出されるのか、または判明するのか。この速さを測るのが系のエントロピーである。

エントロピー

エントロピーの概念はこれまでいろいろに変化してきた。ここではシャノンとコルモゴロフのアイデアにしたがって情報理論と力学系の視点に立つことにし、秩序や無秩序という言葉による解釈はしないことにする。ここでいう力学系のエントロピーとは、その系がどのくらいの速さで情報を創り出すか、または明らかにするかをあらわす数値のことである。

円周上の1次元系の場合、小数点以下の1桁小さい数字が

ひとつわかるたびに、点Mの位置を10倍精密に定めることができる。このことの意味を説明しよう。今、小数点以下第N位までの数字がすべてわかっているところに、1桁小さい数字、つまり小数点以下第（N+1）位の数字がわかったとする。それをたとえば3としよう。点Mの位置を10倍精密に定めることができるとは、小数展開が $0.a_1 a_2 \cdots a_N 3 \cdots$ となる点は、小数展開が $0.a_1 a_2 \cdots a_N \cdots$ となる点全体の10分の1しかないという意味である。

別の言葉でいうと、つぎのようになる。まず、小数展開が $0.a_1 a_2 \cdots a_N \cdots$ となる点の全体は、円周のある部分（弧）を占めている。その弧は、a_{N+1} の値になりうる数字が10個（0から9まで）あるのに対応して10個の小さい弧に等分される。ここで、小数点以下第（N+1）位の数字が3であるということになれば、それらの小さい弧のうちひとつだけが選ばれ、残りの九つは捨てられる。

このように、小数点以下の1桁小さい数字がわかるとき、可能性の幅は10等分される。このことを、10（ $=10^1$ ）の指数をとって、エントロピーが1であるということにしよう。小数点以下の2桁小さい数字までわかるときは、可能性の幅は100等分、つまり 10^2 等分されるので、エントロピーは2となる。これに対して、現状のままなら、可能性の幅は変わらないので（1等分）、$1=10^0$ により、エントロピーは0である。

系のエントロピーは、新たな観測のたびに平均してどれだけの精密さが得られるかをあらわしている。たとえば最初にあげた系 $x_n = x_{n-1} + 10$ は、前にみたように点がまったく動かないから、そのエントロピーは0であり、新たな観測から得

られる追加情報は何もない。しかし二つ目の系 $x_n = 10 \times x_{n-1}$ では、新しく観測するたびに小数点以下の数字がひとつ新たにわかるから、この系のエントロピーは1である。

安定性と不安定性

多次元系になると、事はそれほど単純ではない。なぜなら多次元系の場合、指数関数的「安定性」と指数関数的「不安定性」という、一見相容れない二つの現象が共存できてしまうからだ。これについて説明しよう。

まず、円周上で $x_n = \dfrac{x_{n-1}}{10}$ という法則にしたがう1次元系を考える。この系の状態変数（点Aからの回転数）は、回を重ねるたびに10で割られるので、急速に0に近づき、円周上では状態 $x=0$ をあらわす点Aに引きよせられていく。このように状態変数を引きよせる点をアトラクターという。点Mの出発位置 M_0 をどのように選んでも、時刻 n における点Mの位置をあらわす点 M_n は、時がたつにつれて否応なく点A（アトラクター）に引きよせられる。これが指数関数的（不安定性ではなく）安定性であり、それに対応して情報は（得られるのではなく）失われる。どこから出発してもしまいには点Aに収束するということは、初期位置についてのいかなる情報も、長い目で見れば余計だったということである。

多次元系でもこれと同じ現象をかんたんに見ることができる。例として円板を考え、その上の各点にそれぞれひとつの状態が対応しているものとしよう。円板だから、これは2次元系である。さて、1次元のときと同様に、状態を次々に決めていく法則を設定する。ここでは、時刻 n における状態

が点 M_n にあるとき、時刻（N+1）における状態は、線分 OM_n の中点 M_{n+1} にあると決めよう（Oは円板の中心）。この系は $OM_{n+1} = \dfrac{OM_n}{2}$ と書くことができ、これまで述べてきた1次元の法則と同じ形をしている。

　この系のふるまいを記述するのは簡単だ。すなわち、出発点 M_0 がどこにあっても、系の状態をあらわす点 M_n は時がたつにつれ、つまり n が大きくなるにつれて、円板の中心Oに限りなく近づいていく。このとき、点Oに対応する状態がこの系のアトラクターであるといわれる。

　同じやり方で、3次元系にも簡単にアトラクターをつくることができる。幾何学でトーラス体と呼ばれるドーナツ形の立体を考え、それを芯に向かって縮めていけばよい。

　もう少し正確にいうとつぎのようになる。すなわち、トーラス体を車輪に見立てると、車軸にあたる部分はトーラス体の対称軸になっており、これを含む平面でトーラス体を垂直に切ると、その切断面は円板になる。それらの円板の中心をつないでできる円周がトーラス体の芯である（→次頁上）。次頁下のように、法則 $OM_{n+1} = \dfrac{OM_n}{2}$ にしたがって各円板をその中心にむかって縮めていくと、トーラス全体に対してひとつの決定論的法則が定まり、これによってトーラス体の任意の点は芯の方へと引きつけられていく。したがって芯は、こうしてつくられた3次元系のアトラクターになっている。点 M_n は、出発点 M_0 を含む円板の中心、つまり、芯の上へ落とした M_0 の射影にむかって収束する。このアトラクターは点ではなく曲線なので、先にあげた2次元のものより少し複雑で、その複雑さは点の動きにもあらわれる。系の収束先が初期状態によって変わってくるのだ。つまり、同じ切断面上

トーラス体のなかの簡単なアトラクター

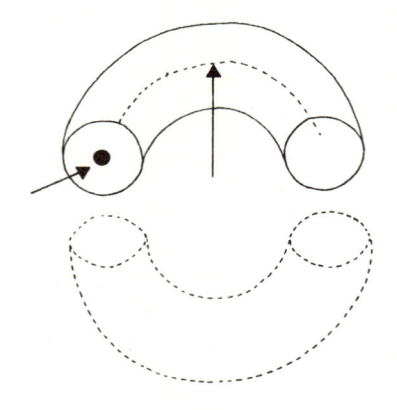

トーラス体は円を芯としてつくられた中身の詰まった立体で、断面は円盤になっている。下図は断面上での変換のようすをあらわしている。

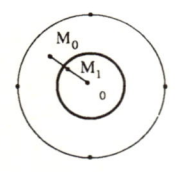

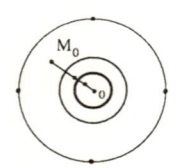

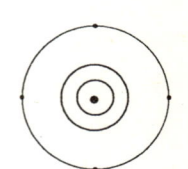

第1回反復　　　第2回反復　　　アトラクター

にない二つの出発点には、芯上の異なる射影が対応するのである。

さて、これまでわたしたちは、不安定な系の例と安定な系の例を別々に見て、それらの性質がかなり異っていることを知った。だが多次元系の最も面白いところは、これらの相反する性質がひとつの系のなかで共存できる点にある。たしかに、複数の次元が自由になれば、ある方向には引き伸ばされ、別の方向には縮むような決定論的法則も考えられるだろう。数理科学者のスティーヴン・スメールは、そのようにして目をみはるような幾何学図形を構築してみせた。これから述べる例も彼がつくったものであり、わたしたちがストレンジ・アトラクター（奇妙なアトラクター）の不思議な世界に入ってゆく手がかりをあたえてくれる。

ストレンジ・アトラクター

さきほどのトーラス体をもってきて、同じように芯にむかって縮めよう。だが今度はそれをさらに変形する。縮めたものを引き伸ばし、1回ねじって2重巻きにするのだ。できあがったのはもはやトーラス体ではなく、元のトーラス体の芯の近くで2重に巻かれたねじれた輪であり、体積は元のトーラス体より小さくなっている（→p.172参照）。

トーラス体の点はここでもやはり系の状態をあらわすものとする。Mがトーラス体の点であるとき、これを上に述べた方法で変換した点を$f(M)$と書くことにしよう。$f(M)$はねじれた2重の輪の点であり、ねじれた2重の輪は元のトーラス体に含まれているから、$f(M)$はトーラス体の点で

ある。系の時間発展は $M_{n+1} = f(M_n)$ によって決定される。

　この式はこれまで見てきた決定論的法則とまったく同じ形をしているが、系のふるまいはずっと複雑になる。回を重ねるたびに、状態の集合は、縦方向（トーラス体の芯の方向）には引き伸ばされ、それに垂直な2方向（断面の方向）には収縮する。そこからまずわかるのは、点 M_n がもはやひとつの断面にとどまっていられず、芯の方向にまわっていく、ということだ。

　だがそれより大事なのは、二つの効果が結びついた結果、アトラクターがもはや点でもなければ曲線でもなく、もっと複雑な何か——ブノワ・マンデルブローのいい方にしたがってフラクタルと名づけられたもの——になっているということである。

　このアトラクターがどういうものであるかを見るため、個々の点ではなくトーラス体全体の形の変化を追ってみよう。最初の変換で、トーラス体はねじれた2重の輪に変わる。つぎの変換では、それぞれの輪がねじれて2重になった結果、ねじれた4重の輪ができる。この4重の輪は、最初の変換でできたねじれた2重の輪のなかに含まれ、その2重の輪は元のトーラス体（1重の輪）に含まれている。そのつぎは、この4重の輪のなかにねじれた8重の輪ができ、そのあとは16重、32重……とねじれた輪ができ、新しい輪はすべて前の輪に入れ子式に含まれる。

　こうして次々とねじれた多重の輪が、変換前の輪の中に、しだいに細くなりながら、際限なくできていく。それは、彫刻家の鑿（のみ）によって大理石の塊が少しずつ削られていくのを見るようだ。だがその果てに姿をあらわすのは王や奴隷の像で

はない。それはストレンジ・アトラクターという名にふさわしい複雑なしろものなのだ。

そのイメージとして、無限に多くの輪が絡み合ってできたひとつながりの輪のようなものを想像してみることもできる。もちろんそれでかまわないのだが、それだけではストレンジ・アトラクターの豊かな構造を汲み尽くすことはできない。ここで重要なのは、倍々のリズムである。それを説明するために、このアトラクターを一定の精度で図示してみよう。そのためには任意の点を選んで、その変換先をたとえばコンピュータでつぎつぎに計算していけばよい。どの点から出発するかは大して重要ではない。過渡期をすぎれば、変換先の点はすべてこのアトラクターの中に入ってくるからだ。それらの点の位置をグラフに描きこんでいくと、雲のようなもやもやしたものが見えてきて、その輪郭がしだいにはっきりし、トーラス体の芯にそってとぐろを巻いた毛細管の網のようになる。ところが、計算の精度を上げるなどして倍率を高くすると、驚いたことにこれらの毛細管の1本1本が、それぞれもっと細い2本の毛細管に分かれているのが見えるのである。さきほど1本に見えていたのは、倍率が低くて正確な観察ができなかったからなのだ。nが十分大きいとき、系の状態をあらわす点M_nは、このような複雑な網のなかを動きまわっているのである。

トーラス体のすべての点は起こりうる状態をあらわしており、どの点から出発してもかまわない。しかし系の自然な時間発展にまかせていると、点の軌跡はじきに、蜘蛛の糸で編んだような小さな領域に閉じこめられてしまう。これはつまり、起こりうる状態のほとんどは実際には一度も観察されず

トーラス体のなかのスメールのアトラクター

スメールのアトラクターのもととなる決定論的法則はつぎのようなものである。

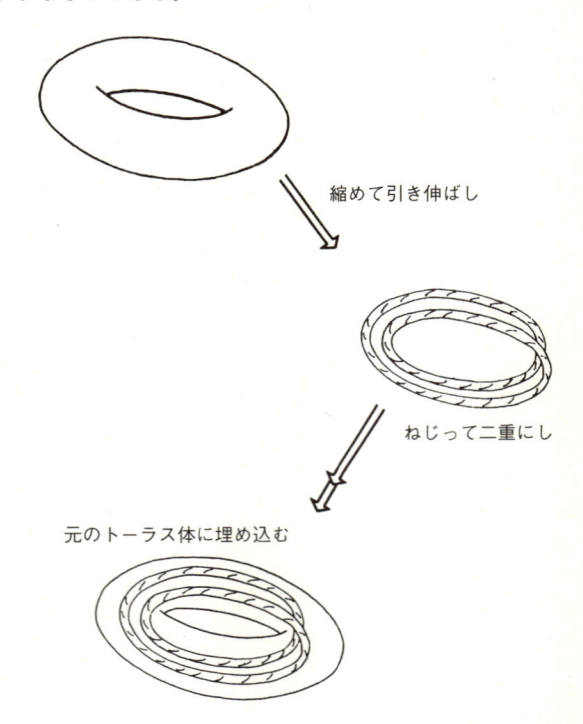

⬇ 縮めて引き伸ばし

⬇ ねじって二重にし

元のトーラス体に埋め込む

こうして元のトーラス体のなかに、2重、4重、8重、16重、…2^n重に巻かれたねじれた輪が次々につくられる。これらの輪はどれもスメールのアトラクターの近似になっており、nが大きいほど近似の度合いが良い、つまり解像度が高い。アトラクターそのものはこれらの近似の極限であり、無限の解像度に対応する。同様に、オッレベリで出土した首飾り（右

頁写真）は、一見したところ、三つの輪を重ねただけのもののように見えるが、よく見るとたくさんの細い輪とさまざまな動物の像が複雑にくみあわされている。しかし線細工や粒細工、浮き彫りや打ち出しといった職人技をどんなに駆使しても、作品化されたものは、豪華ではあっても不完全な近似にすぎない。職人たちがつくろうした真の作品、理想のかたちはこの近似作品の内部にあり、細部があまりにも繊細で多様性に富んでいるため、人の手ではとうていつくりだすことができないのである。

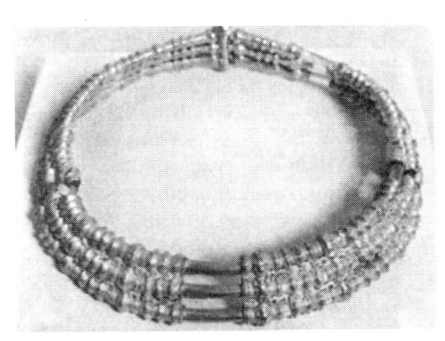

に終わってしまう、ということだ。

　これがスメールのアトラクターである。もしかしたら、読者の目にはいささかわざとらしい作り物に映ったかもしれない。だがローレンツの有名な論文に示されているとおり、気象学の方程式にもストレンジ・アトラクターは含まれている。ローレンツのアトラクターとスメールのアトラクターの構造は完全に同じではない。スメールのアトラクターが線と面の中間物だったのに対し、ローレンツのアトラクターは面と立体の中間物である。

面と立体の中間物

　それをイメージするために1冊の本を考えよう。その本では1枚の紙を1頁と数え、頁番号は0からはじまっているとする。いま、頁番号の数字に2、3、4、6、7、8が含まれるものを残して、他の頁（つまり数字に0、1、5、9が含まれるもの）はすべて破り捨てたとしよう。

　100頁の本の場合、残っているのは22〜48頁と62〜88頁の2束である。といっても、ひとつ目の束からは25、29、30、31、35、39、40、41、45の各頁が破り捨てられ、二つ目の束からは65、68、70、71、75、79、80、81、85の各頁が破り捨てられているから、それぞれの束には27頁ではなく18頁しか残っていない（1桁の頁番号は00、01、02…と考えるので、2、3、4、6、7、8の各頁は残らない）。

　1000頁の本の場合はつぎのように考える。まず、100頁の本で残ったそれぞれの紙を薄くはがして10枚に分ける。そして、元の紙の頁番号がたとえば22なら、新しい10枚にあらた

めて220から229まで頁番号を打ち、そこからまた上の法則にしたがって一定の頁を破り捨てるのである。

　そうすると、たとえば220〜229頁のうち、220、221、225、229の各頁は破り捨てられるから、222〜248頁では、100頁の本のときとまったく同じようにして18頁だけが残る。こうして1000頁の本のときも、それぞれ18頁からなる束だけが残ることになる。（各束の属する頁のまとまりは222〜248、262〜288、322〜348、362〜388、422〜448、462〜488、622〜648、662〜688、722〜748、762〜788、822〜848、862〜888である。）

　本の頁数が10倍に増えるたびに、残存頁数の比率は、破り捨てる前の $\frac{6}{10}$ 倍となることに注意しよう。10頁の本なら6頁、つまり60％が残るが、100頁の本なら36％、1000頁の本なら21.6％しか残らない。つまり頁数が増えれば増えるほど、残った紙は本のなかで疎らになっていくのだ。

　最終的には、無限に薄い紙が無限枚とじあわされて、元の本と同じ箱におさまっているところを想像しなければならない。残存頁数の比率は0に収束するので、ほとんどの頁は破り捨てられているが、それでも18頁ずつまとまった束が無限に残っている。もう少し正確にいえば、この本のどの頁も元の本の忠実な複製になっている。そして、際限なくあらわれるこれら複製本のどの頁もまた、同じやり方で作られた本なのである。

　ローレンツのアトラクター（→次頁図）は、1枚の面がふつうの3次元空間のなかで二つ折りになっただけのように見える。しかし顕微鏡で眺めると、上に述べた本に似た、薄紙を重ねたような構造があらわれる。いいかえると、アトラクターは全体で1枚の大きな面をなしているのだが、顕微鏡で

ローレンツのアトラクター

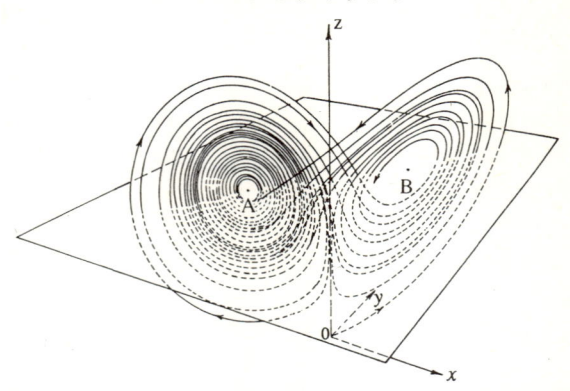

この図はローレンツ系が3次元空間内でえがく典型的な軌跡をあらわしている。ここでローレンツ系とはつぎの微分方程式の解 (x, y, z) である。

$$\frac{dx}{dt} = -ax + ay$$
$$\frac{dy}{dt} = bx - y - xz$$
$$\frac{dz}{dt} = -cz + xy.$$

点Oを出発した点は、点Aのまわりをぐるぐる回ったあと点Bのまわりに移り、しばらくBのまわりを回ってからふたたびAのまわりに戻り、そのあとまたBのまわりに移る、というようにして、点Aと点Bのまわりを行ったり来たりしながら果てしなく回りつづける。ひとつの点のまわりからもうひとつの点のまわりへ移るタイミングはランダムに見える。というのは、点のまわりを回る回数が毎回大きく異なっているからだ。点の運動をどこまでも追いかけていくと、軌跡が集積したところに薄紙を重ねたような図形があらわれてくる。面と立体の中間に位置するこの図形がローレンツのアトラクターだ。

スウェーデンのヴァルステナルムで出土した画像石（下写真）には、ローレンツ系の点の運動を極度に単純化したような模様がえがかれている。それは迷路のような、四つ葉のクローバーを思わせる模様で、点の軌跡をたどってみると、各葉の上で渦巻きをえがきながら、1枚目、2枚目、と順に移っていく。これに対してローレンツ系は、1本の茎につながった無限枚の葉からなっている。これらの葉は二つの束にたばねられ、どちらの束も一見すると1枚の葉のように見えるが、じつは複雑な構造が隠れていることが軌跡のカオス的なふるまいによって明らかになった。すなわち、軌跡は渦巻きをえがきながら葉から葉へと移る。つまりひとつの束からもうひとつの束へと予測不可能なしかたで行き来するのである。

第4章 カオス

は全貌を見ることができないので、視野を限ると、その一部が薄紙の重なりとして見えるのだ。そこで、定点 M_0 から出発した点Mは、だいぶ時間がたってからでなければ顕微鏡の視野には入ってこない。

　倍率が高ければ高いほど視野は限られ、点Mが見えるまでの待ち時間も長くなる。そのあとも観察をつづけるなら、ふたたび点Mが見えるまでにはさらに長く待たなければならない。そしてふたたび見えたとき、点Mは1回目とは別の薄紙にのっている。しかし、これらの薄紙がじつはどこかでつながっていることや、点Mが薄紙から薄紙へ移動している様子は、顕微鏡の視野が狭いために見えないのである。

フラクタル

　スメールのアトラクターとローレンツのアトラクターは、どちらもつぎのような性質をもっている。すなわち、倍率をどこまで上げても同一の秩序ある構造が見えてくるのだ。このような性質をもつ図形をフラクタルという。基本的な幾何学図形を、点（0次元）、線（1次元）、面（2次元）、立体（3次元）の順に並べると、フラクタルはそれらの中間に位置している。スメールのアトラクターのフラクタル次元は1と2の間、ローレンツのアトラクターのフラクタル次元は2と3の間である。このように次元が半端な値をとるということは、系が考えている曲面や立体の全体にいきわたらないということだ。いやむしろ、そのなかのある状態だけが力学的に重要であるといったほうがよい。

　力学や物理学には、よく自由度とよばれる数が登場する。

これは、考えている系の状態を完全にさだめるのに必要な変数の数のことだ。スメールの系なら自由度は1、ローレンツの系なら自由度は3である。これに対して、アトラクターの次元の値は、どちらの系でも自由度より小さい。これは、上に述べたように、その系のすべての可能性が汲み尽くされるのではないことに対応している。つまり、理論的に可能な状態のうち、短い過渡期を除けば、じっさいに起こるのは一部だけであるという意味だ。

乱流とアトラクター

こうした考え方は流体力学においてとくに著しい成果をあげた。物理現象のなかでも非常に重要でありながらよくわかっていないものに、乱流という現象がある。流体の運動を支配する微分方程式は、ナヴィエ＝ストークス方程式といい、だいぶ前から知られ、研究されてきた。流れの力が弱いとき、あるいは粘性が大きいときは、この方程式を使って流体のふるまいを導くことができる。ところが乱流状態に入ったとたん、つまり渦があらわれたとたんに、どのように運動するかを予言できなくなるのだ。これは、ある臨界点を境にストレンジ・アトラクターが現れるためであることが、今日では認められている。

この考えをはじめて提示したのがカオス理論の草分け、ダヴィッド・ルエルとフローリス・ターケンスだった。1971年の有名な論文に発表されたこの説は、純粋に理論的なものではない。実験的に観察される物理学的な不安定性と、運動方程式にひそむ数学的な不安定性を、直結させているのだ。た

とえば、系は無限次元なのに、乱流現象は有限次元で起こると仮定している（系が無限次元というのは、流体の状態をたったひとつ記述するにも、流体のすべての点について、その位置と速さを示さなければならないので、無限の変数が必要になるという意味である）。

じっさいアトラクターの次元は有限であり、流体に課せられた条件に応じてそれを計算することができる。そして、過渡期をすぎればこのアトラクターの上で流体は時間発展する。つまりアトラクターが乱流の舞台となるのである。

ここでわたしたちはふたたびアンドレイ・N・コルモゴロフの天才的直観と出会うことになる。乱流状態が有限の自由度で十分記述できるというアイデアを、彼は40年も前に表明していたのだ。このアイデアは、彼が乱流のなかで起こるエネルギーの散逸を研究していたときに生まれた。エネルギーの散逸とは、大きな渦から小さな渦が生まれ、そこからさらに小さな渦が生まれ、というふうにしてしだいに小さな渦が生まれる過程が、あるところまでいくと流体の粘性のために熱に散逸する現象をいう。

コルモゴロフは、乱流状態を記述する変数が有限個であればよいということだけでなく、いくつあれば足りるかまで計算していた。いいかえると、アトラクターの次元を評価していたわけである。もちろんその値は今日の理論によって裏づけられている。

ふたたびエントロピー

さて、だいぶ遠まわりをしたが、これでようやく話をエン

トロピーに戻すことができる。多次元系の場合、情報の損失と獲得が同時に起こりうる。つまり、ある方向には収縮しながら、別の方向に引き伸ばされることがある。そのような系のエントロピーについて考えてみよう。

情報が失われるとき、系は状態空間よりも次元の低いアトラクターに向かって急速に収束し、そこで最も重要な時間発展が起こる。

一方、情報の獲得は、先に1次元系について述べたようにエントロピーで測られる。ただし今度はそれをアトラクター上で測るのである。大部分の点は十分時間がたつとアトラクターに巻きついてしまうので、アトラクターの外にある情報は無視してもかまわない。そのように制限された系にとって、残っている情報は重要であり、それらは時の経過とともに指数関数的に増大する（つまり、判明する）。

観測装置の精度が悪いためにひとつに見えていたアトラクター上の点も、つぎの観測では2点であることがはっきり識別できるかもしれない。エントロピーが1であるとは、一定の精度で識別できる点の個数が、観測のたびに10倍に増えるという意味である。

だがこの定義には明らかな欠点がある。なぜなら、考えるアトラクターの部分をどんなに小さくしても、そこには無限の点が含まれているので、「点の個数」を数えることはできないからだ。点の個数というかわりに、その部分の「面積」あるいは「体積」というべきだろう。といってもふつうの「面積」や「体積」ではない。面積は2次元、体積は3次元で、どちらも整数次元になっているが、この場合は、かならずしも整数次元になるとは限らないアトラクターにも適用できる

概念を用意しなければならないのだ。

そのような概念を数学者は「測度」と呼んでいる。面積は2次元の測度、体積は3次元の測度であるといわれる。こうすると、整数次元ばかりでなく、2.5次元の測度、11.2次元の測度などといえるようになるからだ。

アトラクター上に満足のいく測度の概念をつくり、しかもそれがきわめて特殊な構造をもつストレンジ・アトラクターにも適用できるようにすること。これがカオス理論の大きな課題だった。

エルゴード測度

この課題は、ヤーシャ・シナイ、ダヴィッド・ルエル、ルーファス・ボーエンらによってほぼ解決された。彼らが存在を示したアトラクター上の測度はすばらしい性質をもっている（専門的にはこの測度を「エルゴード測度」という）。この測度のおかげで、あらゆる力学系を統計の言葉で解釈しなおすことができるようになっただけでなく、系の決定論的法則がわからないときには、その代わりに確率論的モデルが使えるようになったのである。

この点について説明しよう。これまでわたしたちは系を、いわば内側から記述してきた。つまり自由度を考慮し、決定論的法則を使って状態空間にアトラクターをつくってきた。

しかし、それは本当に現実的なやり方といえるだろうか。黒板の上ならともかく、これらの条件は実際にはなかなか手に入らないものだ。たとえば流体力学でいうと、流れの方向と速さを流体の各点で測ることなどとうていできるものでは

ない。同じように、瞬間瞬間の大気の状態が、地球の周囲だけでなく惑星間真空の各点で測定される圧力、温度、速度、化学物質の組成によって決まるとすれば、これを予測することはわたしたちの能力の限界を超えている。

ところが状態を完全に定めるためにはそうしなければならないのだ。物理学では正面からこの要請に答えるかわりに、有意とみなせる変数をひとつ選んで、それをできるだけ正確に測定しようとする。いいかえると、状態Mをじかに観測するのではなく、関数X(M)を通して観測するのだ。

いま、系が初期状態M_0から出発して、順にM_0, M_1, M_2, …, M_{n-1}という状態をとっていくとすると、選ばれた変数Xに対して$X(M_0)$, $X(M_1)$, $X(M_2)$, …, $X(M_{n-1})$という数値の列が決まる($X(M_i)$は状態M_iにおける変数Xの値)。物理学ではこれらの数値を観測し、解釈するのである。それは流体の特別な1点で測定された流れの速さかもしれないし、圧力かもしれない。もちろん、あたえられた1点における速さと圧力、というように複数の変数を一度に観測することもあるだろう。その場合は、X(M)を数ではなく、複数の成分をもつベクトルにすればよい。

シナイ、ルエル、ボーエンは、観測値の列$X(M_0)$, $X(M_1)$, $X(M_2)$, …, $X(M_{n-1})$を確率論的に説明することができるだけではなく、そうすることが理にかなってもいることを示した。彼らが存在を示したエルゴード測度はアトラクター上の確率分布になっている。そして、数列$X(M_0)$, $X(M_1)$, $X(M_2)$, …, $X(M_{n-1})$は、この確率分布にしたがってアトラクター上でくじ引き(無作為抽出)されたn個の数値標本が持っている統計的性質をことごとくそなえているのだ。

まず、確率論で最も基本的な法則である「大数の法則」が成り立っている。すなわち、観測の回数を重ねるにつれて（つまり n が大きくなるにつれて）、経験的な平均値

$$\frac{\{X(M_0)+X(M_1)+X(M_2)+\cdots\cdots+X(M_{n-1})\}}{n}$$

が、シナイ、ルエル、ボーエンのエルゴード測度により計算したXの理論的な平均値に確率1で収束する。統計学的見地からいうと、それは $X(M_0)$, $X(M_1)$, $X(M_2)$, $\cdots$, $X(M_{n-1})$ をランダムな数列とみなしてよいということであり、また、エルゴード的な確率分布にしたがってアトラクター上で各回独立におこなったくじ引きの結果と思ってよいということである。したがってこの確率分布は、大数の法則によって、経験的に知ることができるということになる。

このような確率論的解釈の強みは、それが系についての深い知識を一切必要としない点にある。系がどういう状態をとりうるか、どういう法則がその時間発展を支配しているかというようなことは、まったく知らなくてもよいのである。

これは万能な解釈であり、きわめて多くの場面に適用できる。今の場合のように系が本質的に決定論的であってもかまわない。いいかえると、偶然が自然のなかにあるか、それとも観測者の目のなかにあるかは問題ではない。どちらであろうと確率論的解釈には影響しないのだ。

じっさいに観測された値の列だけがくじ引きの結果とみなせるのではないことに注意しよう。$X(M_0)$, $X(M_1)$, $\cdots\cdots$, $X(M_{n-1})$ という数列なら何でもくじ引きの結果とみなせるのである。偶然の本質とは、起こりそうにないことさえ起こ

りうる、つまり、何でも起こりうるということなのだ。だが確率論的解釈はさらにその先をいく。すなわち、観測された標本はたんに起こりうる、つまり起こる可能性が「ある」だけではない。それは起こり・そ・う、つまり起こる可能性が「高い」ことなのだ。だからこそ長期にわたる観測の平均値が、最終的には理論的平均値のあたりで安定するのである。

この結論はかなり一般的で、系についてほとんど何もわかっていないときにも当てはまる。つまり、観測をすれば、ひとつの標本がある確率法則にしたがってくじ引きされ、その法則に含まれる限り、あらゆる不測の出来事が（わたしたちの統計予想がくつがえされることも含めて）起こりうるということだ。もしこれより詳しいことがわかるとすれば、それはそのくじ引きの結果の正確な内容、つまりじっさいの観測結果だろう。

だがそれは人目を欺くのが上手ないかさま賭博師に教えてもらうようなものだ。観測者はその不正行為に用心する必要があるのだから、むやみに統計的手法に頼ってはならない。系を内側から理解することを断念し、現象学的な記述と統計学的な予測に甘んじる覚悟ができてはじめて、確率論的モデルに頼ることがゆるされるのだ。

決定論的モデルを探す方法

今日では、あたえられた観測値の列 $x_0, x_1, \ldots, x_n$ にひそむ決定論的モデルを探すための方法がいくつか知られている。どの方法も本質的には、m 個ずつの連なりを m 次元空間の点の成分とみなし、それらの点がどのように分布しているか

を調べる、というものだ。たとえば $m=2$ のときは、点の列

$$M_0 = (x_0, x_1),\ M_1 = (x_1, x_2),\ \cdots,\ M_{n-1} = (x_{n-1}, x_n)$$

をつくり、これらが平面上でどのように分布しているかを調べる。もしこれらが明らかに次元のもっと低い図形の上に集中し、曲線やフラクタル図形を描いていれば、この系は決定論的だと考えられる。この場合、点列の描きだす図形はアトラクターをあらわしている。これとは反対に、点が平面全体にほぼまんべんなく広がって、一様に灰色の雲を描いていれば、アトラクターの次元が2に満たない決定論的モデルを探してもむだである。そのときは3次元の点列

$$M_0 = (x_0, x_1, x_2), M_1 = (x_1, x_2, x_3), \cdots\cdots, M_{n-2} = (x_{n-2}, x_{n-1}, x_n)$$

をつくり、上と同じようなことを調べなければならない。その結果、空間内での分布の状態に応じて、次元が3に満たないアトラクターの存在が明らかになったりならなかったりする。コンピュータが十分に強力で、しかも観測値の個数がかなり多ければ、$m=10$ までこの作業をつづけることができる。こうしてさまざまな乱流に——ウォール街の株価の変動にさえ——アトラクターが存在することが明らかになった。

　最後につぎのことを断っておこう。すなわち、こうした方法は、研究している現象にひそむ決定論的モデルがわからないときに使えるもので、観測者がそれを知らないために偶然のように見えていたものはふるい落とせるが、エントロピーで測られる本質的な偶然はどうしても残ってしまう、という

ことだ。

　観測者が対象をどんなによく知っていても、観測装置の精度には限界がある。系の法則が完全にわかっていても、物理定数と初期値は小数点以下第12位までしかわからない。そして、値のわからない小数点以下第13位の数字がしだいに増幅するため、予測が乱され、長期的には使いものにならなくなってしまう。

　もちろん決定論的な系では、初期状態が決まればそれによって最終的な状態が決まる。しかし指数関数的不安定性があると、初期状態が近似的にわかったからといって、最終状態も近似的にわかるとはかぎらない。もしエントロピーがゼロでなければ予測の精度は時とともに落ちていくから、定期的に観測しなければ系の時間発展についていくことはできない。観測を怠るとアトラクターのどこかに置き去りにされ、確実なことは何もわからなくなってしまうのである。

ポアンカレの洞察

　指数関数的不安定性が予測を難しくしているというのは、今日はじめて意識されたことではない。昔はそれが広く知られていなかっただけである。19世紀最大の物理学者であるジェームズ・マックスウェルと、19世紀最大の数学者であるアンリ・ポアンカレは、このことに関する重要な文章を書いていた。マックスウェルは、同じ原因から同じ結果が生じるのは疑いないとしても、初期条件のわずかな違いに敏感に反応する場合は、似た原因から似た結果が生じるとはかぎらないことを指摘していた。一方、ポアンカレは『科学と方法』の

なかでつぎのように述べていた。

　目につかないほど小さな原因が決め手となって、見ずにはいられないほど大きな結果が生まれるとき、われわれはそれを偶然のせいだという。

　気象学者にとって、ある程度確実に天気を予測することが、なぜこれほど難しいのだろうか。なぜ雨や嵐は偶然起こるように見えるのだろうか。このため多くの人が雨や晴天の祈願を当然の行為とみなしているが、これが日蝕や月蝕の祈願だったらばかげていると思うにちがいない。われわれの見るところでは、大きな擾乱(じょうらん)が生じる地域では一般に大気が不安定な平衡状態にある。気象学者は、この平衡が不安定で、どこかの地点で熱帯低気圧が生じるだろうということはわかるが、ではどこで、と問われても答えることができない。どこかで$\frac{1}{10}$度上がるか下がるかするだけで、そこではなくここに熱帯低気圧が発生し、その$\frac{1}{10}$度さえなければ何事もなかったはずの地域に災いをもたらす。もしこの$\frac{1}{10}$度が前もってわかっていれば予測できたはずだが、観測が十分精密でなかったために、すべてが偶然のせいで起こったかのように思われてしまうのだ。

　この文章をいっそう価値あるものにしているのは、これが1908年に書かれたという事実である。それは、ローレンツのアトラクターが発見されるより半世紀以上も前のことであり、当時、人々はまだ強力な計算手段をもたず、今日のようにコンピュータ・シミュレーションで一般的な系のふるまいを調

べることはできなかった。つまりポアンカレは、真に天才的な直観で事の本質を見抜いたのだ。

この直観を彼にもたらしたのは物理学、とくに天体力学だった。天体力学の中で彼がとくに関心を抱いたのは、可積分系と摂動法(せつどう)である。可積分系とはじっさいに解ける系(解析的に解ける系)のことをいう。しかし、すべての系の中では、解析的には解けない系(非可積分系)のほうがはるかに多い。ただし、非可積分系の中でも比較的可積分系に近い系については、それを可積分系に摂動(perturbation. 運動の弱い乱れのこと)が加わったものとみなすことによって、可積分系の解をもとに、ある時間内における近似的な解を求めることができる。これが摂動法であり、あらゆる天文計算の基礎となっている。摂動法による近似解が存在する時間の幅は、かなり長いこともあるが、無限に延ばせるかどうかは保証できない(それができるのは可積分系だけである)。摂動法についてはあとでまたふれることにしよう。

太陽系

可積分系の概念は、数世紀のあいだに何度か変化してきた。この概念は、出発点となった例を参照するとわかりやすい。それは近代科学そのものを生み出したパラダイム、ケプラー系である。ケプラー系は太陽のまわりを回る惑星の運動を記述する。そしてこの運動は、ケプラーが経験的に見いだしたつぎの三つの法則によって完全に決定される。

(1)惑星は太陽をひとつの焦点とする楕円軌道を描く。

(2) その面積速度は一定である（すなわち、太陽と惑星を結ぶ線分は同じ時間に同じ面積を描く。したがって惑星の公転速度はその軌道が太陽に近いほど速い）。

(3) その公転周期は楕円の長軸の $\frac{3}{2}$ 乗に比例する（したがって100倍遠くにある惑星は1000倍遅くまわる）。

ニュートンの不朽の功績は、宇宙に天体が二つしかないケプラー系というきわめて特殊な場合について、運動方程式を立て、それを解いたことである。彼は、万有引力の法則（二つの天体のあいだに働く力の大きさは、それらを隔てる距離の2乗に反比例する）の論理的・必然的結果としてケプラー系に行き着き、太陽のまわりを回る惑星の運動が未来永劫、完全に予測可能であることを証明した。

どれほど遠い未来にいっても、どれほど遠い過去にさかのぼっても、惑星の位置を決めることができる。不安定性など、どこを探しても見つからない。もちろん、出発時の位置や速さをまちがえれば、そのまちがいは軌道の計算にはね返ってくるだろう。楕円の形や位置が少しはちがってくるかもしれない。だがこの計算は一度終わればそれきりだ。そのあとは、計算上の軌道も現実の軌道も動かないから、計算上の位置は現実の位置の近くに永遠にとどまらざるをえない。指数関数的不安定性の場合のように誤差が時とともに増大することはなく、系のエントロピーは0となる。

しかし、じっさいには地球は太陽のまわりを回っている唯一の惑星ではない。そこでつぎのことが問題になる。わたしたちの知っている太陽系——つまり、存在するかどうかまだわかっていない天体は別として、大きな惑星とその衛星、彗

星や小惑星などを含む太陽系——も、ケプラー系のように望ましい安定性をそなえているだろうか。

天体力学が誕生した頃から、この問題はきわめて具体的な形で提起されてきた。たとえば地球のまわりを回る月の運動は、太陽引力の影響が非常に大きいため、楕円軌道を描くとはいえないし、周期的でさえない。その運動を正確に記述することは大変難しく、ニュートンからポアンカレまで、超一流の天文学者たちがこれに取り組んできた。

一方、太陽のまわりを回る地球の軌道はケプラーの楕円にずっと近い。月の運動の場合、おもな摂動力は太陽引力で、中心力である地球の引力の $\frac{1}{50}$ に当たる。これに対し、太陽のまわりを回る地球の場合、おもな摂動力は木星の影響によるもので、その強さは中心力(この場合は太陽引力)の $\frac{1}{20000}$ のオーダーにすぎない。また時間の尺度も異なり、地球の公転周期(1年)は月の公転周期の約12倍である。こうしたことの結果として、月の運動よりも地球の運動のほうがずっと正確に予測できることになる。

しかし地球の場合も限界はあって(これをどこに設けるかは難しい問題だが)、それを超えると摂動計算の有効性が失われてしまう。この限界のむこうで何が起こっているかは皆目わからない。このためわたしたちはつぎのような基本的な問題にも答えられないのである。太陽系は安定しているか？

地球は今わたしたちが知っているこの軌道の近くに永遠にとどまるのだろうか？ それともいずれはこの道を外れて、宇宙の虚空に転がり出たり、太陽にのみこまれたりするのだろうか？

第4章 カオス

太陽系もカオス

ポアンカレは全力をあげてこの問題にとりくんだ。とりわけ彼は3体問題——相互に引力をおよぼしあっている三つの天体の運動という問題——が可積分ではないことを証明した。これは、太陽系を太陽と木星と地球だけに限定した単純なモデルさえ解けないということであり、そこから太陽系はじつはカオス的な世界なのではないかという疑いが生まれてくる。ポアンカレはこの疑いを晴らすことも裏づけることもできなかったが、彼の仕事のあとでは太陽系をカオス的とみる人が多くなった。今日でもこの問題は解決されていない。だが天文計算用のスーパーコンピュータで数値シミュレーションをおこなった結果、この見方にくみする人はさらに増えている。

最新の計算は、太陽系全体の2億年にわたる時間発展をシミュレートし、指数関数的不安定性を明らかにした。それによると、摂動、つまり運動の乱れは1億年で100億倍（10^{10}倍）に増大するという。つまり、天文学的時間の尺度で——地質学的時間の尺度でも——きわめて短時間のうちに、初期位置の10センチメートルのずれがしまいには100万キロメートルの移動となってあらわれるのだ。

これに対して、最初の1000万年間は運動が大変安定しており、ほぼ摂動論の予言にしたがうという。このような数値シミュレーションをさらに押し進めれば、最初の1000万年より先まで予言できるようになるだろうか。いや、それは期待できない。系がカオス的であれば、ほんのわずかな乱れも大きく膨れあがり、とくにコンピュータでは端数処理による誤差の影響が大きい。小数点以下の桁数をそろえるには途中計算

で端数を取り除かなければならず、各段階で生じた小さな誤差が積み重なって、最終的には現実とはおよそかけはなれた結果が出ることもあるのだ。したがって1000万年より後については、コンピュータは量的予測の道具ではないということになる。ただ質的なことは見当がつく。それによると太陽系はどうやらカオス的であるらしく、数億年のあいだには、惑星の軌道に非常に大きなずれが生じるらしい。

　もしかしたら、これまで地球に起こった大規模な気候の変動は、この不安定性のせいだったのかもしれない。じっさい、地殻上層に痕跡を残す氷期と間氷期のくりかえしは、数万年を周期とする地球の公転軌道の小さな揺れのせいだといわれている。しかし太陽系のほうが時の尺度がずっと大きく、とてつもない結果が生じうる。もしかしたら、かつては地球よりも火星のほうが、生命に都合のよい位置にあったのかもしれない。また、いつかは金星が、人類に破壊された青い惑星にとってかわるのかもしれない。時間の尺度をこれだけ大きくとると、あらゆることが起こりうる。

　惑星の運行は、人間の尺度では安定性のシンボルそのものであり、創造主によって星々のあいだに置かれた大時計のように思われるが、永遠のまなざしで眺めればもはや予測不可能で無秩序な運動にすぎないのである。

部分系だけ取り出すことはできない

　この例はわたしたちにさまざまなことを教えてくれる。まず、可積分系、つまり予測可能な系のつくるグループはきわめて限られているということ。ケプラー系は可積分だが、そ

れをわずかに変えるだけで系のエントロピーは0ではなくなってしまう。あくまでもカオスが常態なのであり、可積分系のほうが例外なのだ。

また、天体力学を勉強すれば、何かというとすぐに原因を探したがるという、だれもが罹(かか)りやすい病気を予防することができる。非可積分系では、因果関係をひとつだけ取りだしても意味はない。かりに悪魔が今日、地球をその軌道から数センチメートルずらしたとしよう。十分長い時間がたてばすべての惑星の軌道に影響がおよぶから、その効果は太陽系全体を考えないと計算できないし、想像することもできない。まず、地球の運動が変化し、したがって他の惑星におよぼす摂動作用が変化する。するとその影響で、他の惑星の軌道がゆっくりと変化していく。と同時に、各惑星の位置が変わり、相互におよぼしあう引力が変わり、しまいには太陽系全体が数千万年から数億年の尺度で揺動(ようどう)することになる。

したがって、ほんのわずかな刺激の効果も、地球の軌道だけを考えたのでは計算することができない。もちろん地球の軌道への第1次（直接的）効果は考慮しなければならないが、そのほかに、他の惑星の軌道が変化したために起こる引力の乱れも第2次効果として考えなければならない。さらに、その効果を受けて変化した地球の動きが他の惑星にはね返ったために起こる第3次効果も、それがまた引き起こす第4次効果も、……というふうに続いていくので、けっきょく長期的にみると、系を全体として扱うよりほかに仕方がないのである。

一般に、決定論的な系では、部分系を単独でとり出すことはできず、したがって特定の原因に特定の結果を対応させることはできない。たとえば、上の例で悪魔が地球を軌道から

はずしたように、最初に何らかのショックをあたえたとする。この変化の長期的な効果を知りたければ、新たな条件のもとであらためて系全体の時間発展をたどらなければならないのだ。その結果得られる大局的な状態は、ショックがなければこうなっただろうと考えられる状態とはすっかり異なっているのがふつうだから、それらを比較しても意味はない。これは変わったがあれは変わっていない、というようなことはいえないし、そのようないい方で最初のショックの効果を特定することはできないだろう。ちょうど魔法の杖のひと振りでまったく別の世界がひらけるように、ほんの一部の変化が全体の大きな変化を引き起こすことがある。そこで、無理にでも原因に結果を対応させるとすれば、新しい状態そのものを対応させるしかないが、そうしたところで大した情報は得られない。

　大局的にしかとらえられないこと。これが力学系の基本性質である。この規則にはただひとつ例外がある。それは線形系をはじめとする可積分系だ。しかしこれらの特殊なグループは別として、それ以外の系で特定の出来事の原因探しや結果分析をはじめると、無数の迷路に迷いこみ、外に出られなくなってしまう。外に出るには、どんなに小さな影響も小さいからといって無視できないこと、わずかな刺激も宇宙全体を巻きこむことを認めなければならない。

　このような考え方が奇異に感じられるとすれば、それはわたしたちが賢明にも、予測可能であることが経験的にわかっている未来に地平を限ってきたからだ。昔の年代記に記された日蝕や月蝕の正確な日付を決定したり、明日の天気を予測したりするには、わたしたちがもっている知識で十分なのだ。その程度の時間の幅なら、考えている系を線形系（したがっ

て可積分系）とみなすことができる。もっと長期にわたったときにはじめて、非線形性からくる相互作用のために事態が複雑になり、どんなに孤立した部分の変化も系全体の変化と無関係ではいられなくなるのだ。

人はどんなとき「偶然」と判断するのか

　事を明確にするために、偶然が一般にはどのように理解されているかを考えてみよう。通常、偶然は互いに独立な（無関係な）因果系列が交叉（こうさ）したところに起こると思われている。たとえば、ある人が通りを歩いていると、屋根から瓦が飛んできてその人に当たり、その人は死んでしまったとする。彼は自分の用事のことで頭が一杯だったし、瓦は瓦で風に吹き飛ばされてきた。ということは、それぞれ固有の論理にしたがう2系統の出来事がそこで出会ったわけである。それらがあまりにもかけ離れていて、しかも共通の結果があまりにも重大なものだから、ああこれは運が悪かった、偶然のせいだ、とかんたんに片づけられてしまうのだ。

　ところが宇宙には他と無関係な因果系列など存在しないし、存在しえない。この通行人は通りから建物の屋根瓦に引力をおよぼし、その影響を何らかの形で受けた気象環境のなかで、突風が起こり、瓦が吹き飛ばされたのだ。突風の発生と通行人の過去の活動は無関係ではありえない。だからけっきょくのところ、独立性を云々することは便宜的な近似、近視眼的な見方にすぎないのだ。

　もっと精密な分析、もっと遠い地平を求めたいのなら、当然そのような近似は断念しなければならないだろう。悪魔が

シリウスで電子を1個動かしたくらいでは、わたしたちの知覚は反応しない。だがそのことによって、その電子が宇宙の他の粒子——とくに地球の大気を構成しているガス分子——におよぼしていた引力が変化する。数秒もすれば、このささいな刺激が分子間衝突によって拡大・増幅され、目に見える変化となってあらわれるだろう。それは気象学的な不安定性にひきつがれ、その結果カリブ海に生まれた微風がしまいにはハリケーンとなって、アメリカ合衆国の東海岸を襲うのである。

わたしたちにふりかかる出来事の原因を単独で取り出すのはよいが、そこにはおのずと限界があることを心得ておかなければならない。それを無理に押し進めると、シリウスにおけるたった1個の電子の運動に翻弄されるおそれがある。広大な宇宙のなかで、わたしたちが見渡すことができるのはごく小さな部分だけだ。それに、今見ているものより忘れてしまったもののほうがいつ重要になるかもわからない。

わたしたちは霧に迷った旅人のようなものだ。その視界におさまった狭い範囲はなじみ深く安心だが、それをとりかこむ灰色の壁のむこうには幽霊の国が広がっている。

アテネ軍とシラクサ軍との戦い

紀元前413年8月、アテネの遠征軍はシラクサの前にいた。街を見おろすエピポライの丘を攻撃して手痛い敗北を喫し、今は絶体絶命の窮地にある。さいわい艦艇は残っており、城攻めの陣を放棄してアテネに帰るか、またはもっと条件のよい場所に移ってそこに新たな作戦基地をつくるか、という二

つの道が考えられた。アテネ軍の2人の将軍、デモステネスとエウリュメドンは事が急を要することを見てとり、すぐにも船に乗りこむべきだと主張したが、もうひとりの将軍ニキアスがためらい、出発は滞った。

　その間、シラクサ軍を指揮するスパルタの将軍ギュリッポスは、陸路でシチリアの諸都市をまわり、援軍を募っていた。セリヌスに着いた彼はある艦隊と遭遇する。それは、春にペロポネソスを出発したものの、紆余曲折あって今ようやくシチリアに到着した救援部隊だった。この部隊は、まず嵐の中リビアの海岸に漂着し、そこで同盟国の移民と出会い、彼らを助けてリビア人と戦った。その後、アフリカの海岸に沿って進み、最短航路を通ってシチリア島まで北上、ようやくセリヌスに着いたのだ。ギュリッポスはさっそくこの部隊をひき連れ、他の場所にいた援軍とともにシラクサに戻った。

　これでさらに形勢が悪くなったアテネ軍は、追撃されずに出発するチャンスをのがしたことを後悔する。もはやニキアスも異を唱えず、極秘のうちに出発の準備が進められた。夜陰にまぎれて船に乗り、罠にも似たこの停泊地をあとにして、沖に出ようというのだ。

　ところがいよいよ船出というときになって、前413年8月27日の月蝕が起こる。動揺した兵士たちは出発を遅らせるよう懇願し、占い師たちは3かける9日間の延期が必要だといった。神託と占いを信じる敬虔なニキアスは、その延長期間がすぎるまでは頑として出発しようとしなかった。

　これらすべてが悲惨な結果に終わったことはいうまでもない。ギュリッポスがつれてきた救援の兵隊と艦艇は、教練と装備に十分な日数をかけることができ、満を持して決戦に臨

んだ。アテネの艦隊は停泊していたシラクサの小さな湾に閉じこめられ、動きがとれないまま、陸で見ていた味方の兵士たちの目の前で撃滅された。これらの兵士たちは海路で撤退するはずだったが、こうなると陸路をとらざるをえない。しかしそれは3日で惨憺(さんたん)たる結果に終わった。将軍全員とほとんどすべての兵士が、シラクサ人の手にかかるか、あるいは抑留されていた採石場の苛酷(かこく)さに耐えられずに死んだのである――。

因果系列の交叉

アテネ軍の敗北の直接原因としては、その可能性をつくったニキアスのためらいのほかに二つの運命の仕打ち、すなわちペロポネソス救援艦隊の到着と、月蝕があげられる。これらはともに、互いに独立な二つの因果系列の交叉――いわゆる偶然の一致――を示す大変よい例となっている。

まず前者についていえば、ペロポネソス人にとってギュリッポスと救援艦隊は同じ系に含まれ、両者の行動はアテネ軍に対する勝利という唯一の目標にむかって連携している。ところがある時から両者の連絡は断たれ、シチリアにいるギュリッポスとリビアにいる援軍は互いに独立な孤立部分系となって、それぞれが固有の過程をたどりつつ諸事に反応するようになる。どちらにもその日、セリヌスにいるべき立派な理由があった。一方は予定どおり合理的な順路にしたがってそこに来たのであり、他方はこの港がアフリカの海岸から最も近かったからそこに来た。これらの理由は互いに独立であり、シチリアでギュリッポスに起こった出来事と、リビアその他

で艦隊に起こった出来事もやはり独立である。そして偶然はまさに、これら二つの異なる物語が、同じ時と場所で合流したことにあるのだ。

　月蝕の場合はもっと明らかである。天体力学とケプラーの法則を知っているわたしたちからすれば、紀元前413年8月27日の月蝕はもちろん偶然でも何でもない。その証拠に、今日わたしたちはこの月蝕を基準として、ツキディデスの記述する出来事が起こった年月日を知ることができるのであって、その逆ではない。天文暦(エフェメリス)を見れば、有史以来、つまり3000年前から今日までに起こったすべての月蝕の日付がわかるし、来たる3000年間に起こる月蝕の日付を計算することもできる。地球、月、太陽の動きはそれぞれ厳密な決定論をあらわしており、少なくとも人間の歴史の尺度では完全に予測できる。地球のどこかで数千人の男たちが戦ったところで、それらの動きに影響が出るというものではない。しかし当時の科学知識からすれば、アテネ人もペロポネソス人も月蝕が予測可能だとは思いもよらず、戦略を立てるにあたってそのような可能性は考慮していなかったはずだ。したがってこれは、物理学的決定論にしたがう系と歴史的決定論にしたがう系が、互いに独立に進行していたきわめて特殊なケースであり、両者の互いに独立な時間発展が、前413年8月27日、突然交叉して、前者が後者に重大な影響をおよぼしたのである。

偶然と相対的なもの

　歴史的決定論のなかに組みこまれている人にとって、説明のつかない、不条理そのものの現象ほど不安なものはない。

最初の類人猿が大地を歩きはじめたときから、人間は生き延びるために環境に適応してきた。つまり、経験に学んで少しばかり未来を先取りしようとしてきた。わたしたち人間は、不可解な現象を無防備に受けいれるわけにはいかない。不慮の事態を黙って耐えるなどということはできない。それは自然との絶えざる戦いにおいて、こちらの防壁にあけられた穴を放置するようなものであり、うっかりすると人類の存続が危うくなる。

　だから、意味が明らかでない出来事、つまり人類がそれまで積み上げてきた経験に照らして決定論の枠組みに入らない出来事には、大急ぎでオカルト的な意味をあたえてやらなければならない。原始人なら神々のせいにしてその心をなだめようとするだろうし、現代人なら偶然のせいにして統計計算をするだろう。

　だが問題に終止符が打たれるのは、隠れた決定論が見つかったときだけだ。先にみたように、ごく単純な系でもそれは容易なことではない。しかしそれが見つからないかぎり、科学者は心底すっきりした気分にはなれないのである。

　こう考えてくると、偶然とは相対的なものでしかなく、ある出来事が偶然といわれるかどうかは、それが起こった歴史的状況によって変わってくることがわかる。ツキディデスにとって不測の出来事や運命であったものは、今日の読者にとってはもはやそうではない。アテネ軍を恐怖に震え上がらせた月蝕も、今日ではめずらしい天体ショーにすぎず、きれいに見えるかどうかだけが気がかりの種になる。こうしてわたしたちは、偶然とはつねに人間が説明を求めて立てる問いに対する答であることを悟るのだ。

出来事が気づかれずに過ぎてしまったとき、取るに足らないと判断されたとき、あるいは何らかの形で説明がついたときは、誰も偶然を持ち出したりはしない。月蝕を見て、ニキアスとその部下たちは怪しく思ったが、わたしたちはもはやそうは思わない。ギュリッポスと援軍の同時到着と同じくらい注目に値する一致は毎日のように起こっているのに、誰もそれに注目せず、驚こうともしないのだ。

偶然は存在しない

　今、かりにひとりのカルタゴ商人が、ペロポネソス艦隊と同じ日にセリヌス港に到着したとしよう。それは大いにありうることで、シチリアとカルタゴの密接な交易関係を考えれば、ありうるどころか本当にあった可能性が高い。しかしそれでもこの出来事が歴史に残ったとは思えない。なぜなら、現象そのものはギュリッポスの到着と同じくらい注目に値するものの、それほど大きな意味を負わされたとは思えないからだ。彼の到来が招いた三つの一致——ギュリッポスとカルタゴ商人、カルタゴ商人と救援隊、救援隊とギュリッポス——のうち、最後の一致だけが注意を喚起し、なぜだろうという気持ちを引き起こした。だがこれらはどれも同じくらい注目に値するし、見ようによっては、同じくらいありふれた出来事でもある。同じくらいありふれているというのは、交易港に旅人が着くのは当然なのだから、ギュリッポスとカルタゴ商人、カルタゴ商人と救援隊、救援隊とギュリッポスの同時到着のうち、どれが起こっても不思議ではないからだ。

　一方、同じくらい注目に値するというのは、三つの一致が

どれもありそうにないことだからである。観察者がその気になって過去の暗がりからそれらを引き出しさえすれば、ミダス王の触れたものがすべて金に変わった*ように、どの事件もまばゆい光を放ちはじめるだろう。

　もしわたしたちがラテン語を話すなら、「注目に値する」というかわりに≪egregius（エグレギウス）≫というところだ。そうすれば語源からただちに、いわんとしていることがわかってもらえると思う。e-gregiusとは「群れの外にいる」という意味である。ここでは、ある出来事が「注目に値する」というのは、どれも同じような外見をした羊の群れから恣意的に選び出された1頭の羊を特別視するのと同じことになる。

　くだんのカルタゴ商人は、ペロポネソス戦争や、アテネのシチリア遠征にはまるで関心がなかったかもしれない。彼はギュリッポスが到着したことは知らないが、同日に到着した人々のなかに長年連絡がとだえていた友人をみつけて感激する。彼を驚かせるのはこの出来事だ。彼はこれを心に刻みつけ、思い出すたびに感激を新たにする。

　しかし戦争を書きしるす歴史家は、個人の運命にいちいちかまってはいられない。ツキディデスにとって、これら無数の偶然の一致はたんなる雑音にすぎない。彼の仕事はそのなかから真のしるしを聞き分けることだ。後世に伝える価値のある唯一のしるし、それがギュリッポスの到着だった。

　こうして、同時に起こった無数の出来事のなかから、さまざまな視点に応じて、あるものは特別視され、他のものは無視される。しかし何ものにもとらわれない観察者なら、これら無数の出来事を、寛大な無関心をもって眺めるにちがいない。それはちょうどブッダがわたしたちの人生の浮き沈みを

第4章　カオス

微笑みながら見守っているようなものだ。

　運命の車輪はたえまなく回り、個々の人間に運命を配る。わたしたちは、人生は一度きりという確実性と自意識のもたらす激しい不安に苛まれながら、自分がもらったくじを調べる。それはサンスクリット語でいうマーヤ、大いなるまぼろしだ。ブッダは車輪がまわるのを眺めながら、未来永劫の輪廻転生を想う。今日わたしが引き当てた人生は、わたしが順にすべての役を演じていく果てしない物語の一挿話にすぎないことを、彼は知っているのだ。

　偶然というものは存在しない。なぜならこの物語のある部分だけを特別視したり、数ある物語のなかでこの物語だけを特別視したりする理由も、意味もないのだから。

　アイデンティティーに執着する自意識は、「どうしてわたしだけがこんな目に遭うのか？」と叫ぶ。しかしそんな問いを突きつめたところで、待っているのは無意味と苦しみだけである。世界の穏やかな無関心のなかでは、偶然は溶けて消えてしまうのだ。

　　　＊註：ギリシア神話に登場するミダス王は「王様の耳はロバの耳」の王として有名。その口が触れるものはすべて金になるという願いを神に叶えてもらったが、何も食べられなくなったので神にこの恩恵を返上したという逸話が残っている。

第 5 章

リスク

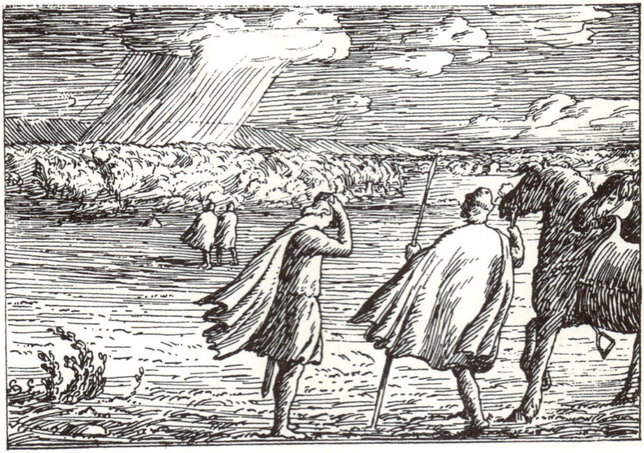

これまでも何かと本題をはずれ、いろいろな分野に首を突っこみ、おしゃべりをしてきたが、ここでしばらくスノリ・ストゥルラソンの作品を離れ、『ニャールのサガ』の世界に飛びこんでみよう。『ニャールのサガ』は、偉大なアイスランドサガのなかでも成立が最も遅く、最も長編で、おそらく最も成功したサガである。これを最後の花として、サガという文学ジャンルは、中世騎士道恋愛物語や武勲詩に場所をゆずることになる。だが『ニャールのサガ』はまだ厳然たる史実にもとづいており、その中心的エピソードであるベリトルフヴァルの焼き討ち（これによりニャールとその息子たちが焼死する）が事実であることは、他の書物（『植民の書』）や他の事件（1011年の全体民会の会戦）との関係から確かめることができる。『ニャールのサガ』の作者は知られていないが、その文体はスノリなみの簡潔さを保ち、作品全体が今まさに滅びつつある文明の記念碑となっている。主人公のニャールは、相継ぐ事件の果てに一族が死に絶えることを予見している。彼はそれをオーディンが神々の衰退――巨人の反乱と世界の終わり――を見通すように幻視するのだが、その到来を阻むことができない。

　ベリトルフヴァルのニャールとリダーレンディのグンナール、この２人の友情が物語の鍵のひとつとなっている。グンナールは、鎧兜をつけたまま自分の身長より高く跳ぶことが

できる優れた戦士である。彼はまたたぐい稀な弓の名手でもある。グンナールはニャールを心から信頼し、平和な生活を希求している。しかしニャールの賢明な忠告と、それを守ろうとするグンナールの善き意志にもかかわらず、挑発と反撃と復讐の連鎖は止まらず、ついにグンナールは破滅に追いやられる。彼は最高決定機関である全体民会(アルシング)に何度も呼び出されたあげく、3年間の追放を命じられる。だがそれは少しも不名誉なことではない。3年間の遠征から持ち帰るにちがいない富と名声が、彼の社会的地位をいっそう強固にしてくれるだろう。けれども、もし国にとどまれば無法者とみなされ、敵の意のままになる、つまり敵は彼を殺しても罰を受けずにすむ。こうしてグンナールの出発の日が近づく。弟のコルスケッグも同行することになっている――。

　グンナールは自分と弟の積荷を船まで運ばせた。荷物がすべて積みこまれ、船の準備が整うと、グンナールはベリトルフヴァルや他の農場に行って挨拶をし、力になってくれた人々に礼をいった。

　翌朝暗いうちから、彼は船に乗る支度をし、家の者たちにいよいよ出発することを告げた。みなは深く悲しんだが、それでも彼の帰りを待っているといった。準備ができるとグンナールは彼らをひとりひとり抱きしめた。全員が見送りに出てきた。グンナールは鉾を地面に突き立て、一跳びで鞍にまたがると、コルスケッグとともに出発した。

　マルカルフリョートまでやってきたときグンナールの馬がつまずき、彼は鞍からふり落とされた。顔を上げた

グンナールの目に、リダーレンディの斜面と農場が映った。「美しい丘だ。今までこれほど美しいと思ったことはなかった。よく実った麦畑、刈り取りの終わった牧草地……。戻ろう。出発はとりやめだ」。

「敵を喜ばせるのはやめてください」とコルスケッグがいった。「協定を破るなんて。兄さんがそんなことをするとは誰も思っていない。きっとニャールのいった通りになりますよ」。「わたしは行かない。おまえも残ってくれ」。「だめです」とコルスケッグ。「今の場合にかぎらず、人に信用されているときに卑劣なふるまいはできません。それがわたしと兄さんの唯一のちがいだ。親戚と母さんにいってください。ふたたびアイスランドの土を踏むつもりはないと。だって兄さん、いずれはあなたの死を知るだろうし、知れば帰りたいとは思わないだろうから」。

2人はそこで別れた。グンナールはリダーレンディに戻ったが、コルスケッグは船に乗り異国へと旅立った。ハルゲルズはグンナールが戻ってきたのを見て喜んだが、彼の母はほとんど何もいわなかった。

(『ニャールのサガ』74)

「ハルゲルズはグンナールが戻ってきたのを見て喜んだが、彼の母はほとんど何もいわなかった」。あえて控えめな表現を使うことで意味を効果的に強める修辞法があるが、わたしはこの修辞法がこれほど簡潔に、不快感をあらわすために使われるのはあまり見たことがない。ハルゲルズはグンナールの妻であり、物語をここまで読み進んできた者は、彼女がどれほど執念深い女で、どれほど夫を恨んでいるかを知ってい

る。彼女がグンナールの、翻意を喜んだのは、夫を愛しているからではない。恨みを晴らすチャンスが戻ってきたのが嬉しいのだ。

　これに対して、生きてふたたび会えるかどうかわからない2人の息子を見送ったグンナールの母親は、そのうちのひとりが帰ってきたとき沈黙に閉じこもる。母も、息子も、いや全員がわかっているのだ、それが自殺行為にほかならぬことを。ハルゲルズの喜びははしたない。だがそれを咎めるのもはしたない。それに無益でさえある。口に出さずとも、グンナールには母の思いがわかっているのだ。母は苦しみのあまり口もきけず、家の中をさまよい歩く。

　というのも、グンナールの決定が自然災害のように唐突で、後戻りができないからだ。翻意を予想させるものは何もなかった。訴訟を起こされたとき、彼は全体民会（アルシング）に出席して、調停を成功させようとするニャールの努力を目の当たりにし、協定に不満はもらさなかった。それどころか協定を守ることをニャールに約束し、出発の準備をした。家人に別れを告げたあと、たまたま石が転がったか鳥影が通ったかして馬が躓いたために、翻意のチャンスが生まれたのだ。この方向転換は最悪のタイミングでなされた。おかげで彼は弟のコルスケッグと別れることになった。こんなことでもなければ兄弟の固い絆（きずな）がほどけることはなかっただろうに。このあと、事態は急テンポで展開する。グンナールは、翌年の夏の全体民会で追放され、秋に敵に襲われ、ついに殺されてしまうのだ。

　すべてはたまたま彼がふり返ったとき、長年暮らしてきた農場が、生まれてはじめて見るように、明るくかぐわしい農地に囲まれて丘の斜面に見えたからだった。なぜ馬は躓いた

のだろう。本当にこれほど重大な決定がそのような瑣末な状況に左右されるものだろうか。もし馬があと10センチ遠くの地面を踏んでいたら、あるいは2人の来るのがあと10分遅かったら、馬は躓かなかったかもしれないし、躓いたとしてもふり落とされたのはコルスケッグのほうだったかもしれない。そうなっていたら兄弟は3年の追放期間ののちに栄光と名声に包まれて帰国し、敵も沈黙せざるをえなかっただろう。そしてグンナールを死に追いやったリダーレンディの包囲戦もなければ、ニャールとその息子たちを滅ぼしたベリトルフヴァルの焼き討ちもなく、おそらく今日わたしたちが『ニャールのサガ』を読むこともなかっただろう。

　グンナールは母にいとま乞いをし、妻に、息子に、友人たちに別れを告げた。弟とつれだって、海岸へと馬をすすめる。もう少しすれば海の上だ。数時間もすればアイスランドは水平線のかなたに消えているだろう。彼の心はすでにオークニー諸島やノルウェーに飛んでいる。あちらではどんな運命が彼を待っているのだろう。ところがそこに偶然が生じ、たった一目見た光景がグンナールの決心と運命を変えてしまう。彼の翻意を弁護することはできない。それは本人もわかっている。だがそれは後戻りできない決定であり、彼の決意は固い。友人たちは何とかして彼の心を変えさせようとした。グンナールはこの人たちを巻き添えにしたくないから、これからはもう彼らの助力を断らざるをえない。すべてはリダーレディの夜明けの田園風景が美しかったからなのだ。

出来事に確率を割りふる

　意思決定の理論によれば、わたしたちはまず起こりうるすべての出来事を列挙して、それぞれの出来事にその起こりやすさの度合いをあらわす確率を割りふる。確率が0であるとは、その出来事が現実には起こらないと考えられる、つまりその出来事を考慮しなくてよいという意味だ。これに対して確率が1であるとは、その出来事が確実に起こると考えられるという意味である。0と1の間の値は、水の温度を測る0から100まで目盛りがついた温度計のように、さまざまな起こりやすさの度合いをあらわしている。

　これらの確率を得るにはいくつかの方法がある。一番自然なのは専門家にたずねることだ。産業リスクはこのようにして見積もられることが多い。原子力発電所の炉心の融解による放射性物質の漏出・拡散事故（いわゆる「チャイナ・シンドローム」）にも、見積もる人によって値は異なるが、たとえば10^{-10}や10^{-5}のような、微小ではあるが、0ではない確率が割りふられる。このほか、特定の時間に特定の道路で自動車事故が起こる確率や、スペースシャトルの打ち上げが失敗する確率も同じようにして測られる。

　こうした見積もりの背後にあるのは、自動車事故のような大きな出来事もしょせんは小さな偶然の一致が重なった結果にすぎない、という考え方だ。もちろん結果そのものは重大事だが、ひとつひとつの出来事はさして重要ではなく、あいにくそれらが積み重なったために、桁外れの大きな現象が引き起こされてしまった、と考えるのである。

　1979年、スリーマイル島の原子力発電所で発生した大事故

の原因は、コントロールパネルのパイロットランプが、バルブを閉じるようにという意味で「閉」を示していたのに、オペレーターたちがそれをバルブが閉じている状態をあらわしているものと勘違いしたことにあった。このためオペレーターたちは誤った状況把握のもとで数時間仕事をつづけ、その間におこなわれた操作が事態を途方もなく悪化させてしまった。もし不運が重なって、別のバルブが開いたりパイプが切れたりしていたら、もっと大きな事故、最悪の場合はチャイナ・シンドロームに発展するところだった。

ところで、ひとつのバルブが閉まらない確率やパイロットランプがつかない確率は専門家に算定してもらえるから、それらを使ってこのような事故が起こる確率を計算することができる。そこで、チャイナ・シンドロームに結びつくシナリオをすべて書き出し、それぞれの確率を計算すれば、チャイナ・シンドロームそのものが起こる確率を計算することができる。こうしてこの確率は管理の道具となる。つまり、その値によってリスクが客観的に評価できるようになるのだ。技術改良によって、この確率が下がれば、リスクも減少する。しかしそのためにたとえば大気汚染のリスク（これもやはり同様の考え方にもとづいて計算される）が上がることもあるので、そのような技術改良がすべて好ましいというわけではない。

微小要素に分解する

このように、一度も起こったことのない、また起こってほしくない出来事に確率を割りふるのを見て、驚く人もいるか

もしれない。これは、その出来事を、同時に起こりうる互いに独立な微小要素に分解できる、という考え方にもとづいている。出来事がじっさいに起こるには、これらの微小要素が同時に起こらなければならない。

たとえば、ある扉を開けるのに、それぞれ異なる鍵をもった人が3人同時にいなければならないというのと同じことである。もし彼らがてんでんばらばらに10日に1日の割合で扉までやってくるとすれば、ある決められた日に扉が開かれる確率は $\frac{1}{10} \times \frac{1}{10} \times \frac{1}{10} = \frac{1}{1000}$、つまり3年に一度の割合となる。

かりに扉のむこうに、ヨハネの黙示録の四騎士*が閉じこめられているとすると、騎士たちは3年に一度の割合でこの世に災いをふりまきにくることになるが、それではいささかリスクが大きすぎるだろう。そこで扉に三つではなく八つの錠をとりつけてみよう。こうすれば、扉が開かれる確率は1億分の1、つまり3000世紀に一度の割合となり、人類の歴史がはじまったのがせいぜい50〜60世紀前であることを思えば、世界の終わりは十分遠のいたとみなすことができる。

意思決定の理論は、未来の出来事に確率を割りふるとき、客観的な根拠にもとづくべきであるとは少しもいっていない。わたしの予想では世界の終わりは明日の朝やってくるはずだ。だからわたしはこの出来事に確率1を割りふり、そのつもりで行動する。これは主観的な確率であり、それに価値があるのは、論理的に導かれるからでも、同じ見方をする人が大勢いるからでもない。それがわたしの確信だからだ。もし明日、何事も起こらなければ、この数値を訂正しなければならない。だがそれまでは、この確率がわたしの行動を決定するのである。じっさい、大きな時の節目がくるたびに、千年王国論者

たちは立ち上がって世界の終わりの間近いことを説いているし、それに賛同する者たちは地上の富を捨てて主の帰還にそなえている。確信が合理的でなくても信念は揺らがないし、確率が主観的でも意思決定はできるのである。

> ＊註：人を破滅させる権威を与えられた騎士。「ヨハネの黙示録」第6章1〜8節。

「無知の」状況、「不確実な」状況、「確率論的な」状況

だから、ある出来事についてろくに情報をもっていなくても、その出来事が起こる確率を見積もることはできる。誰でも一杯呑みながらの政治談義で、あの事件で本当に悪いのは誰それなのに罰せられなかったとか、あの政治家はじつは病気でもう死にかけているらしいとかいった話を耳にしたことがあるだろう。こういう噂を吹聴してまわる人は、おそらく自分でも少しはその噂を信じており、将来を予測したり物事を決定するとき、それらを考慮に入れているはずだ。

だが、情報を「ろくに」どころか「まったく」もっていないときでさえ、確率を割りふることは可能である。たとえばペロタ・バスカ（スペインのバスク地方の球技）に賭けなければならないが選手の名前しか情報がないときは、コイン投げで決めればよい。つまり両方に同じだけ勝つ確率を割りふればよいのだ。

これがもしテニスの決勝戦なら、選手の名前をきいて何か思いだす情報があるかもしれない。そうなれば、情報がないといっているに等しい50％−50％という予想から抜けだせる

だろう。そればかりか一段階レベルを上げて、主観的な確率にどのくらい自信があるか、確信の強さを見積もることさえできる。たとえば2人の選手のプロテニス協会におけるランキングにかなりの差があれば、自分の予想はおそらく正しいと答えられるし、その確率を数量化することもできる。こうして「わたしの予想ではXがYに90%の確率で勝つだろう。また手元にある情報を考えれば、この予想は60%の確率で当たると思う」といった複雑な答が出てくることになる。

XがYが勝つ確率もYが勝つ確率も50%といっているペロタ・バスカの状況と、XがYに90%の確率で勝つというテニスの状況をくらべてみると、どちらも確率の言葉であらわされてはいるものの、明快さでは明らかに後者のほうがまさっている。というのは、XがYに90%の確率で勝つというとき、その後ろには数学モデルがあるからだ。そこではゲームのゆくえを左右する不測の出来事が検討され、計量されている。0.9という数字はそうした、大ざっぱかもしれないが必然的な計算の結果なのだ。

理想をいえば、わたしがXともYとも親しく、必要な判断材料をすべてもっていることが望ましい。そうすれば、それぞれの勝つ確率をかなり正確に見積もることができるだろう。だが反対に、ペロタ・バスカの場合のようにXもYも知らず、名前さえ聞いたことがないような状況では、情報が完全に欠如しているため、どちらがどのくらい有利なのか判断のしようがない。このような状況を、このテーマを研究してきた多くの心理学者にならって「無知の」状況とよぶことにしよう。これに対して、正確な確率論的モデルがある理想的な状況は、「確率論的な」状況とよぶことにする。

じっさいには、これら両極端の間にある中間的状況が圧倒的に多く、それらは「不確実な」状況とよばれている。テニスの試合結果を予想して、その当たる確率が60％というのはこのような状況をあらわしている。これは、無知の状況から確率論的な状況にいたる目盛りでいうと、前者より後者にいくぶん近い。両者のあいだの中間的状況は、つぎのようにしても実現できる。試合をAとBの二つ用意し、試合Aではわたしが熟知している選手どうしが対戦し（純粋に確率論的な状況で、わたしは自分の確率論的モデルに100％自信がある）、試合Bではわたしの知らない選手どうしが対戦することにする（完全に無知の状況で、わたしは自分のモデルをまったく信じていない）。それからくじを引いて、どちらの試合をおこなうかを決めるのである。するとわたしは不確実な状況におかれることになり、不確実さの度合いはくじに割りふられた確率によって変わってくる。つまり、たとえば試合Aを引く確率が$\frac{6}{10}$になるように作られたくじなら、わたしは自分のモデルを60％信じるというだろう。

神が存在するほうに賭ける

　こうして、完全に無知の状況から純粋に確率論的な状況まで、不確実さのあらゆる段階を通って連続的に移行できること、また不確実さの度合いはすべて確率であらわせることがわかった。つまり、不確実な未来にかんする意思決定は──少なくとも理屈の上では──すべて確率計算に帰着させられるのだ。

　例として、神の存在を確率計算にかけたいわゆるパスカル

の賭をあげよう。それはつぎのようなものである。神が存在する確率はたしかにとても小さいが（10^{-10} くらい）、存在する場合にわれわれが受ける利益はとてつもなく大きいので（永遠の至福。適当に単位をとって 10^{1000} とする）、期待利得（$10^{-10} \times 10^{1000} = 10^{990}$、これは莫大な数である）を考えると、神が存在するかのように行動するほうがよい。逆に神が存在しないほうに賭けると、その確率は存在する確率よりはるかに大きいが（$1-10^{-10}$。これは小数点以下を考えなければほぼ1に等しい）、それによる利益が非常に少ないので（せいぜい100年の至福。先ほどと同じ単位で 10^2）、期待値は $1 \times 10^2 = 10^2$ となり、神が存在するとしたときの期待値よりはるかに少なくなる。しかしこのような解釈は、おそらくパスカルが意図したものではなかった、とパスカルのためにいっておこう。

あいにく事はそれほど単純ではない。というのは人間はふつう、リスクを嫌うからだ。上に述べた状況でいうと、潜在的利得はたしかに莫大ではあるが、当たる確率があまりにも小さいので、賭に挑戦しようという気が起こらない。まして最初に大きな投資をしなければならない（おそらく現世の楽しみを捨て、死ぬまで禁欲生活を送らなければならない）のだからなおさらである。100分の1の確率で当たる賭があるとき、1フランなら賭けてもよいが、100万フラン賭けるとなると躊躇する人が多いのではないだろうか。

こうしたリスク嫌いは経済学者や財政家にはよく知られており、堅実なイギリス人はこれをつぎのような諺で表現している。「樹上の2羽より手中の1羽のほうがまし」。こういうわけで、ハイリスク債券やハイテク株のようにリスクが大き

いとみなされる金融商品は、安全な商品やリスクが比較的小さい商品よりも利得率を高くしなければ、同じ金融市場で競争することはできない。リスクが大きければ大きいほど、高率の「危険に対する見返り(リスクプレミアム)」が必要なのだ。

エルスバーグの心理実験

それに加えて不確実性嫌いというものがある。これはリスク嫌いとはまた異なり、数量化するのがずっと難しい。いま、力の拮抗した2人の選手が試合をするとして、わたしが彼らの力を知っていれば、2人の勝つ確率をそれぞれ50％と割りふるだろう。一方、2人の力を知らない場合も、やはり50％ずつの勝つ確率を割りふるだろうが、上の場合にくらべると不安ははるかに大きいだろう。じっさい、エルスバーグが有名な心理実験で示したように、不確実な状況に単純に形式的な確率計算をあてはめると、パラドクスが生じてしまうのである。

その実験とはつぎのようなものだ。被験者の前に、100個ずつ玉が入った壺を二つ置く。実験者はそのうちのひとつを示しながら、中に赤玉と黒玉がきっかり50個ずつ入っていることを被験者に知らせる。もうひとつの壺については、赤玉と黒玉が合わせて100個入っていることだけを知らせ、その比率は教えない。

それから最初の壺で賭をおこなう。被験者に玉の色を予想させ、壺から玉をとり出すのだ。被験者は、予想が当たれば100ドルもらえるが、はずれれば何ももらえない。実験では、ほとんどの被験者が玉の色に頓着せずに賭けた。つまり彼ら

の主観的な確率はどちらの玉も0.5だった。

　つぎに二番目の壺で賭をおこなう。やり方は前回とまったく同様だが、今回は被験者たちは壺の中身について何も情報をもっていない。わかっているのは赤か黒の玉が出てくるということだけだ。前回が確率論的な状況だったのに対し、今回は無知の状況になっているのである。実験してみると、理論のとおり、ほとんどの被験者が玉の色に頓着せずに賭けた。つまり彼らの主観的な確率はここでも0.5−0.5だった。

　そして三つ目の賭で、パラドクスがあらわれる。今度は赤玉がでたら100ドルもらえるが、黒玉がでたら何ももらえないという条件で、玉をとり出す壺を選ばせる。前回と前々回の賭で主観的な確率はともに0.5−0.5だった、ということはどちらの壺でも赤玉の出る確率は$\frac{1}{2}$と考えられているのだから、理屈だけで考えれば、被験者はどちらの壺を選ぶかには頓着しないはずである。ところがそうではない。ほとんどの被験者は、玉の比率がわかっている最初の壺を選ぶのだ。賭の条件を変え、当たったら100ドルもらえるかわりに、はずれたら100ドル払わなければならないことにすると、この傾向はいっそう顕著になり——賭への意欲は減退する。つまり、「無知であること」が、主観確率だけでは計りきれないひとつのリスク要因であるようにみえるのである。

　　　＊註：D. Ellsberg, ≪Risk, ambiguity, and the Savage axioms≫, Quartely Journal of Economics 75, 1961, p.643-669（D.エルスバーグ「リスク、不確実性、およびサヴェージの公理」経済学季報、75号、1961年）。

リスクとは何か

　以上のような分析から二つの問題が浮かび上がる。リスクとは何か、どうすればそれを制御できるか、という問題だ。まず、確率論的なリスクと無知のリスクを区別しよう。確率論的なリスクとは、ふつうの確率計算から出てくるリスク、無知のリスクとは、これから起こることについての情報の欠如からくるリスクである。

　このように区別しても、たとえば、偶然とはしょせん無知の別名ではないかといった難しい問題には太刀打ちできないだろう。しかし、実用面では大変役に立つのである。実験によれば、人は無知のリスクよりも、確率論的なリスクのほうを抵抗なく受け入れる（もっとも、じっさいにはこれらのリスクは渾然一体となっていることが多いが）。民衆の知恵は「知らない悪魔より知っている悪魔のほうがまし」と教えているし、詩人もデンマークの王子の口を借りてつぎのようにいっている。

　　だって誰が我慢するだろう、運命の平手打ち、
　　抑圧者の誤り、傲れる者の傍若無人、
　　さげすまれた恋の苦しみ、正義の棚上げ、
　　役人の横柄、そして忍耐強い立派な人が
　　つまらない奴らにくわされる肘鉄砲、
　　誰が我慢するだろう、その気になれば
　　短剣のひと突きでこの世におさらばできるのに。
　　それでもこれらの重荷を背負い、
　　汗かき呻きながら辛い人生に耐えていくのは、

ほかでもない、死後の何かが恐いのだ、
旅立った者が誰ひとり帰ってきたためしのない
未知の世界が恐いのだ。
そこでわれらは怖じ気づき、
誰も知らないあの世の苦労に飛びこむよりは、
この世の苦労を我慢するほうがましだと思う。
　　　　　（シェイクスピア作『ハムレット』第3幕第1場）

　じっさい、個人レベルでも民族レベルでも、人は毎日のようにリスクに直面し、ときには大きなリスクにも出会う。それが経験の範囲内ならよいが、未知の場合は自分がずっと無防備であるように感じて不安になるのである。

　人生はリスクを受け容れることで成り立っている。採集や狩猟で生きる原始人は、明日、食べ物が手に入るかどうかわからない。今日、種をまく農民は、半年後や1年後、苦労の甲斐あって作物を収穫できるかどうかわからない。商人は品物を補充しても売りさばけるかどうかわからない。

　ただ、これらのリスクはそれぞれ検査済みの見本として代々伝えられていく。そしてその過程で、どのようなことが実際に起こりうるかがわかってきて、それらの確率が決まってくる。

　農民は、経験や伝聞をもとに、どのような災厄（さいやく）で収穫がだいなしにされるかを知っている。霜や乾燥、洪水や火事、イナゴや病気。それよりもっと大変なことが起こるかもしれない（たとえば旧約聖書『出エジプト記』に記されている十の災い。「血の災い」「疫病の災い」「イナゴの災い」など）。しかし、天が落ちてこないことはわかっている。それに、これ

らの災厄がじっさいに起こる確率は小さく、いろいろな用心や儀式によってそれをさらに減らすこともできる。それが証拠に農民は今そこにいて、先祖が代々耕してきた土地を耕している。だから彼も、代々の祖先がそうであったように何とか生きていけるだろうし、不作の年があっても、翌年は改善されるはずだ。

未知に対する恐怖

それでは、突然征服者(コンキスタドール)に押し入られたインカ帝国の人々はどうだったろうか。インディオの社会はいくらかのリスクを冒すことには慣れていた。農民社会だったので、農業にまつわるリスクはよく知られていた。また征服によって築かれた社会でもあったので、軍事的リスクも未知のものではなかった。

ただ、征服者(コンキスタドール)という鎧姿(よろいすがた)の髭面(ひげづら)の男たち、見知らぬ動物に乗り、とどろくような声で耳慣れぬ言葉をあやつり、掟(おきて)破りの戦い方をする闖入(ちんにゅう)者がもたらした、新しいリスクに直面するすべは知らなかったようだ。インカ帝国滅亡の理由は、アタフアルパ王と大勢の臣下の死によって闇に葬られたが、おそらくその種のリスクを引き受ける心的能力がなかったことと関係しているのではないかと思われる。彼らはどれだけ強いのかわからない敵と戦うより、服従するほうを選んだのだ。

一般に農民や商人は、毎日のようにある種のリスクを引き受けてはいても、そのために特別な勇気が必要だとは思われていない。反対に、探検家といえば勇気の原型のように思われ

ている。なぜかといえば、それは探検家が「知られざる土地(テラ・インコグニタ)」、つまり地図の上の空白部分に足を踏み入れるからだ。そこには、地図を見るわたしたちの不安をしずめるために、飾り模様が描いてあったり、「ここにライオンが棲(す)む」という文句が書きこんであったりする。この種の情報は、どんなに空想的であろうと、またそのように受けとられようと、何も情報がないよりは安心なのだ。それでもこの空白部分は、もしかしたらすべての川に金塊が流れる黄金郷(エルドラド)かもしれないし、あるいは神がその民に約束した乳と蜂蜜の流れる理想郷かもしれない。探検家の行く手には巨万の富が待っているかもしれないのだ。わたしたちがいつも最悪のケースばかり想像するのは、たんに未知を恐れているだけのことではないだろうか。

確率論的なリスクと無知のリスク

　ともかくこれで、確率計算によって決まる確率論的なリスクと、用心深さだけが物差しの無知のリスクという、二つのリスク領域がどのようなものであるかがわかった。これら二つの概念があれば人間の意思決定についてまとまったイメージがもてそうなものだが、じっさいにはそうはいかない。それは、二つのリスク領域の境界があいまいな上に、確率計算が普及して今や何にでも適用されるようになっているからである。

　こうしてたとえば、原子力発電にかんするリスクの見積もりにおいて、確率論的モデルをよりどころとする政界および科学技術界と、それよりはるかに用心深い世論との対立が生ずる。これはたんに国民の側の情報不足や専門知識の不足が

原因なのだろうか、それとも確率論的モデルの有効性を問い直すべきなのだろうか。この問題はきわめて重要なので、数ページを割いて考えてみたい。

　まず指摘すべきことは、公的機関によって見積もられた事故の確率が、実際の頻度とあまりにも食いちがっているということだ。最も有名な例は1986年に起こったスペースシャトルの爆発事故である。前年のNASAの発表によると、事故の推定確率は10万分の1ということだったが[*1]、それ以前には100分の1のオーダーと推定されていた。そして、チャレンジャーが爆発したのは25回目の打ち上げのときだったのである。スリーマイル島やチェルノブイリの原発事故の公的推定値は知らないが、かりにそのようなものがあったとしても、現実に近い値が見積もられていたとは思えない。タイタニック号にいたっては、沈没の可能性すら考えられていなかった。沈没の確率は微小どころか、ゼロだったのである。

　これを、悪徳政治家や狂信的な技師が、利己的な動機から計画遂行のために数字を偽ったのではないか、と勘ぐるのはたやすい。しかし、たとえ良心的な専門家たちが損得ぬきで計算した確率であっても、ことごとく実際より低く見積もられる場合があるのだ。

　1986年に『アメリカ物理学ジャーナル』に掲載された論文[*2]を例にとろう。この論文は1875年から1958年までに発表された光の速さの27の測定値をしらべたものである。各測定値には、慣例にしたがって、測定者自身による誤差の評価がついていた。それは標準偏差といわれるもので、これがあたえられると任意の正数 ε に対し、測定値と真の値との差（誤差）が ε 以上になる確率を計算することができる。

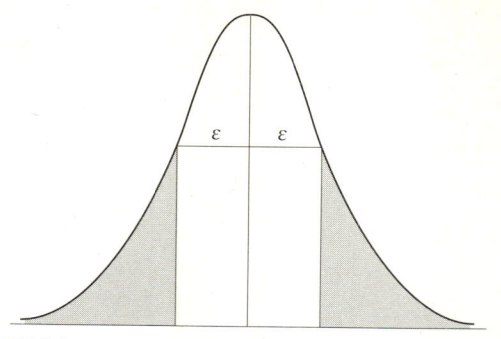

正規分布のグラフ。塗りつぶした部分が確率をあらわす。
誤差 ε が小さくなるほど、誤差が ε となる確率が大きくなる。

 そこで各測定値について、ほぼ真の値とみなすことのできる1984年の測定値との差を ε として、誤差が ε 以上になる確率を計算してみた。この値が大きいということは、誤差が小さい、つまり測定値が真の値に非常に近いということである。ところが、27回の測定値すべてについて、誤差が各々 ε 以上になる確率は0.5％に満たなかった。

 ということは、代々の測定者が算出した標準偏差が正しいとすれば、27回が27回とも測定に狂いがあったということになる。そして、各回じっさいに ε の誤差が出たということは、1000回に5回以下の割合でしか起こるはずのないことが、27回も連続して起こったということになるのである。

> *註1：Space Shuttle Data for Planetary Mission RTG Safety Analysis（NASA, Marchall Space Flight Center, AL, 15 February,1985）
>
> *註2：M. Henrion and B. Fischhoff, ≪Assessing uncertainty in physical constant≫, American Journal of Physics, 54, 1986, p.791（ヘンリオン、フィッシュホフ「物理定数における不確実性を評価する」アメリカ物理学ジャーナル、54号、1986年）

人為的要因も大きい

つぎに気づくことは、不慮の事故は存在するということ、そしてまちがいの原因はしばしば人間にあるということだ。1987年9月、ブラジルのゴイアニア市で、元病院の建物に放置されていた放射線治療装置を分解した廃品回収業者が、そのなかから青白く光る粉の入ったカプセルを発見した。その粉末はセシウム137という放射性物質だったが、大勢の人々が何も知らないまま直接それに手をふれた。こうして危険な物質がまったく思いがけないやり方で突然、人々の間にばらまかれたのである。拡散がようやく食い止められた1987年12月、記録された汚染者の数は249人にのぼり、うち4人が死亡、汚染検査を受けた住民は10万人を超えていた。ゴイアニア市はゴイアス州の州都で、農畜産物の集積地だが、汚染への恐怖から、当州でとれた農畜産物の値段は半分に下がり、工業製品も同様の影響をうけた。

ようするに、冒した覚えのないリスクのために、人も経済もとんだ代償を支払わされたのだ。そればかりか、はるかに悪い事態が起こることもありえた。たとえば、かりにセシウム137がゆすりを常習する者の手に渡っていたら、あるいはブラジルを標的とする放射能汚染が企まれていたら、いったいどのような惨事に発展していたか、想像するだけで身の毛がよだつ。

経験の示すところによれば、核にかんするリスクはほとんど測定できたためしがない。スリーマイル島でもチェルノブイリでも、事故にいたるシナリオはまったく思いがけないもので、それに原子力発電所のオペレーターたちが無意識に協

力したかたちになった。これを人為ミスのせいにするのはたやすいが、それでは原発を構想した人々の責任をオペレーターに押しつけることになる。人間の欠陥も、技術的な欠陥と同じように考えて、安全装置や信頼性計算に組みこむべきなのだ。

考えてみると、オペレーターのミスによる事故のほうが、機械の故障による事故よりよほど深刻である。過失や不注意だけでそのような事故が起こりうるとすれば、故意に引き起こされた事故はどれほどの大惨事になるだろうか。そのようなリスクを取り除くには原子力発電所を全面的に自動化すればよいと考える人もいるかもしれないが、リスク要因となる人間はオペレーターだけではない。技師もまちがえるかもしれないし、専門家も嘘をつくかもしれず、監視人も居眠りするかもしれない。決定権をもつ人々も公衆も、こうしたリスクをすべて考えに入れなければならない。また、そのほうが技術者たちもリスクを正しく評価することができる。

悪貨は良貨を駆逐する

注意しなければならないのは、たったひとつのリスクが顧(かえり)みられなかったり見落とされたりしただけで、残りのリスクを考慮しておこなった信頼性についての計算が、すべて無効になる場合もあるということだ。しかも、リスクを大きくする要因が、小さくすると考えられた要因よりはるかに強く作用することもある（悪貨は良貨を駆逐する）。

たとえばある原子力発電所で、事故の確率が100万分の1と見積もられたとしよう。いま、二つのリスク要因AとBが

忘れられているとする。そしてAはリスクを1000倍にし、Bは1000分の1にするので、原子力発電所は操業時間の80％は見積もり通り100万分の1の事故確率で稼働しているが、残り20％のうち10％は要因Aのために1000分の1の事故確率で稼働し、もう10％は要因Bのために10億分の1の事故確率で稼働しているとする。

　すると簡単な計算によって、真の事故確率は1万分の1のオーダーになることがわかる。この値は、既知のリスクを小さくするためにどれほど努力しても、ほとんど変わらない。たとえば安全基準を厳守することによって、リスク要因Aが作用しない90％の時間の事故確率を10億分の1まで下げることができたとしても、真の事故確率はやはり1万分の1のあたりにとどまるのである。

　こう考えてくると無力感にとらわれるが、もうひとつ気落ちするような考察をつけ加えなければならない。それは、人類の歴史において、遠い将来にかかわる意思決定は今まで一度もなされたことがない、ということだ。核産業から出る放射性廃棄物の有害性は少なくとも1万年はつづくといわれている。そうした廃棄物のうち、紛失したり（そういうことは現実にある）再処理されなかったものは、特別な場所（元ウラン鉱山の採掘場跡や花崗岩層に掘られた地下施設など）に貯蔵され、原則として常に監視されている。

　しかし1万年といえば、歴史時代の2倍にあたる。そこで想像してほしいのだが、はるか昔、エジプトや中国に最初の王朝が成立するよりずっと前、現在のさまざまな宗教が出現するよりずっと前に、わたしたちの遠い祖先が墳墓を残し、それを開けてはならぬ、いや近づいてもならぬといい渡した

としよう。それから今日にいたるまで、支配者が何度も替わり、戦争や災害も幾度となく起こった長い年月を通して、見張りは忠実におこなわれただろうか。命令は伝えられ、忘れられることはなかっただろうか。それとも、他所からやってきた征服者が伝説に挑戦すべく目の前でそれを開けさせただろうか。

おそらくわたしたちは何となく、核廃棄物を1万年も貯蔵しないですむような気がしているのだろう。数千年もたたないうちに未来の人類が癌の治療法を見つけ、エイズワクチンを見つけ、永遠の若さの秘密を見つけ、核のゴミを始末する方法を見つけるにちがいない。それらは環境を汚さない工場で再処理されるか、飛行中に爆発しないロケットで宇宙に運ばれるだろう。ついでにそのロケットで、オゾン層も復元できるかもしれない。こうしてわたしたちは、自分たちの子孫が大気中の炭酸ガスの濃度をどのように減らすのか、それを見られる日を楽しみに待っているのである。

リスクを大局的に考えない現代文明

じつのところは、わたしたちの工業文明は、みずからが冒しているリスクを測ることなく前へ突き進み、大局的な視野で見ていない、ということなのだ。たしかに核エネルギーは問題が多いかもしれない。だが、そうかといって化石燃料を燃やすのが得策ともいえないし、水力発電ダムにもそれなりの問題点はある。

けっきょく、地球全体のエネルギー問題を考えるべきなのだ。しかも、問題はそれだけではない。たとえばエイズの流

行はいつ止むのか。すでにアフリカのいくつかの国では、国民の3分の1がエイズに感染している。わたしたちはその結果を考えたことがあるだろうか。中東では、1948年に居住地を追われたパレスチナ難民とその子孫たちが難民キャンプにひしめいている。彼らを何世代にもわたってこのままにしておくのは、重大な歴史的リスクをことさら作りだしているようなものだ。しかしそれを測った者がいるだろうか。それを考慮している者がいるだろうか。

　わたしたちは自分で作りだしたリスクの間を朦朧(もうろう)として歩いている。ときどき事故が起こると我に返り、崖の下にちらりと目をやる。チェルノブイリで原発事故が起これば、牛乳を飲むのをやめる。映画スターがエイズで死ねば、警察官全員が手袋をはめる。パレスチナで住民の暴動が起これば、旅先を変更する。ちょうど、リダーレンディのグンナールが馬から落ちて我に返ったように。ただ、注意すべきは、彼の行動のほうがはるかに偉大だったということである。

意思決定にひそむ道義的意味合い

　人がリスクを冒すのは、かならずしも計算の結果、それが良いと判断したからではない。経済にかんしていえば、すでにケインズが指摘したように「もし人間が本来的にリスクを好まず、工場や鉄道や鉱山や農場をつくることに（儲け以外の）何の満足も感じなかったとしたら、単なる損得勘定からくる投資がこれほどさかんにおこなわれることはなかっただろう」（『雇用、利益および貨幣の一般理論』第12章3節）。少し前で彼はこう述べている。「企業の所有者がおもに発起人やその

友人や協力者で占められていた頃、投資をおこなっていたのは一生の仕事として事業に乗り出した建設的で血の気の多い人々であり、彼らはかならずしも将来の利益を正確に計算していたわけではなかった」。

なぜアテネの人々は、マラトンとサラミスでわざわざリスクを冒して敵と戦ったのだろうか。数で圧倒するペルシア軍を前に、多くのギリシア都市は降伏し、ラケダイモン人（スパルタ人）はペロポネソス半島に閉じこもっていた。それなのになぜアテネ人だけが、あえて戦いの道を選んだのだろうか。その出来事から半世紀後、スパルタにやってきたアテネの使節が、どれほどの誇りをもってラケダイモン人に語りかけたか、その言葉を聞いてみよう。「あえて申せば、われわれはマラトンで蛮族相手に孤軍奮闘し、敵がふたたび攻め入ってきた折は、陸上戦では撃退不可能とみて、全市民を軍船に乗りこませ、同盟軍とともにサラミスで戦ったのであります」（ツキディデス『戦史』巻1第73章）。

リスクは二度にわたって冒された。もしこれらの企てが失敗していれば、その後はもはやアテネ人のことが話題に上ることもなくなっていたにちがいない。しかしそれは成功し、25世紀たった今でも語りぐさとなっている。アテネ出身の偉大な悲劇詩人アイスキュロスは、あれほど多くの傑作を書きながら、墓碑銘にはただマラトンでの勇敢な戦いぶりしか記させなかった。「肥沃なるゲラにて、アテネ人エウフォリオンの息子アイスキュロス、ここに眠る。彼は死せり。されど栄えあるマラトンの地、その勇気を知り、長髪のメディア人これを経験せり」。

ようするに、これらは功利的な計算にもとづいた行動では

なく、道義的命令にしたがった行動だったのだ。いったんその命令を受け入れれば、選択の自由はほとんど残されていない。兵士が勝ち目のない戦いに挑むのは、名誉心や戦友との連帯感に突き動かされてのことだろう。プロテスタントの倫理観に駆られた資本家が投資するのは、タラントンの譬え*にあるとおり、財産は利益を生まなければならぬという信念にもとづいているだろう。このように、これから意思を決定しようという人の意識に、下すべき決定の手本だけがあって他の選択肢がないとき、リスクという概念は消え失せ、代わりに運命という概念があらわれる。

　落馬して国にとどまる決心をしたグンナールは、長短を秤にかけてそう決めたのではなく、運命に決断を迫られたのだ。たとえ3年後に戻るとしても、敵の陰謀によって国を追われ、海を駆けめぐることは彼の運命ではない。彼の運命とは、みずからの土地で討ち死にすることだ。だからこそ彼はそれ以降、友人たちを巻き添えにすることだけは避けようとするのである。

　すべての意思決定問題には道義的な意味合いがあり、重大な決定ほどその意味合いは大きい。アルベール・カミュがいっていたように、「自分の名誉を汚すような出来事は偶然の選択の結果ではありえない」のだ。

> ＊註：新約聖書『マタイによる福音書』第25章14〜30節で取り上げられている逸話。3人の下僕が主人からそれぞれ5タラントン、2タラントン、1タラントンの金貨を託される。前者2人は託された金を元手に儲けて主人からほめられたが、最後のひとりは金を地中に埋めておいて儲けなかったので主人の不興を買い、金貨を取り上げられてしまった。

第6章
統　計

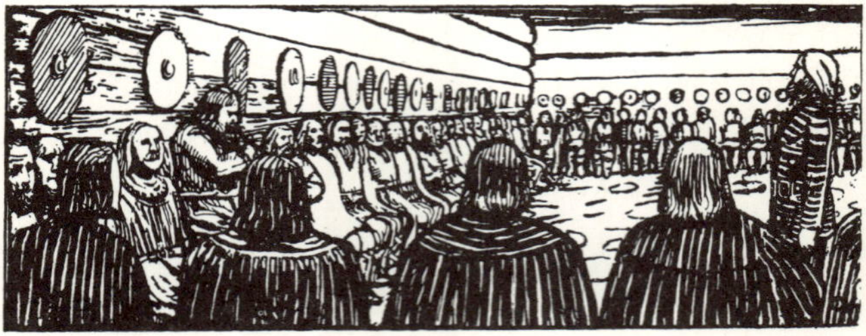

スカンジナビア半島の土地は痩せていて作物が育たなかったので、住民たちは、豊かな資源と希望を求め、大海へと乗り出していった。ヴァイキングと呼ばれた彼らは、漁をするだけでなく、遠征をして略奪行為を働いた。ヴァイキングの王に必要な力は、まず強い軍事力だった。力ずくで奪い取る金品や貢ぎ物が彼らの財源になるからだ。ヴァイキングにとって「悪い季節」とは、ようするに航海ができない季節のことだった。

　しかし、私がこの章でまず取り上げたいのは、ヴァイキングが活躍する海の世界ではなく、豊作や飢饉の予測を巡って、人類が統計学をどのように発展させてきたかということだ。

　　ファラオはヨセフに話した。
「夢の中で、わたしがナイル川の岸に立っていると、突然、よく肥えて、つややかな7頭の雌牛が川から上がって来て、葦辺で草を食べはじめた。すると、その後から、今度は貧弱で、とても醜い、やせた7頭の雌牛が上がって来た。あれほどひどいのは、エジプトでは見たことがない。そして、そのやせた、醜い雌牛が、初めのよく肥えた7頭の雌牛を食い尽くしてしまった。ところが、確かに腹の中に入れたのに、腹の中に入れたことがまるで分からないほど、最初と同じように醜いままなのだ。わ

たしは、そこで目が覚めた。それからまた、夢の中でわたしは見たのだが、今度は、とてもよく実の入った七つの穂が1本の茎から出てきた。すると、その後から、やせ細り、実が入っておらず、東風で干からびた七つの穂が生えてきた。そして、実の入っていないその穂が、よく実った七つの穂をのみ込んでしまった。わたしは魔術師たちに話したが、その意味を告げうる者は1人もいなかった」

　ヨセフはファラオにいった。
「ファラオの夢は、どちらも同じ意味でございます。神がこれからなさろうとしていることを、ファラオにお告げになったのです。7頭のよく育った雌牛は7年のことです。七つのよく実った穂も7年のことです。どちらの夢も同じ意味でございます。その後から上がって来た7頭のやせた、醜い雌牛も7年のことです。また、やせて、東風で干からびた七つの穂も同じで、これらは7年の飢饉のことです。これは、先程ファラオに申し上げましたように、神がこれからなさろうとしていることを、ファラオにお示しになったのです。今から7年間、エジプトの国全体に大豊作が訪れます。しかし、その後に7年間、飢饉が続き、エジプトの国に豊作があったことなど、すっかり忘れられてしまうでしょう。飢饉が国を滅ぼしてしまうのです。この国に豊作があったことは、その後に続く飢饉のために全く忘れられてしまうでしょう。飢饉はそれほどひどいのです。ファラオが夢を二度も重ねて見られたのは、神がこのことを既に決定しておられ、神が間もなく実行されようとしておられるからです。この

ような次第ですから、ファラオは今すぐ、聡明で知恵のある人物をお見つけになって、エジプトの国を治めさせ、また、国中に監督官をお立てになり、豊作の7年の間、エジプトの国の産物の5分の1を徴収なさいますように。このようにして、これから訪れる豊年の間に食糧をできるかぎり集めさせ、町々の食糧となる穀物をファラオの管理の下に蓄え、保管させるのです。そうすれば、その食糧がエジプトの国を襲う7年の飢饉に対する国の備蓄となり、飢饉によって国が滅びることはないでしょう」

(『創世記』第41章17～36節)

農業の起源に関する神話や、現代の政府が用いている農業経営法の起源を知ろうと思ったら、北欧の人々が歴史に登場するより2000年も前に栄えたエジプトやメソポタミアの文明を見る必要がある。だが、その前に、スカンジナビア半島を襲ったある飢饉を見てみよう。スノリ・ストゥルラソンは、ドーマルデという神話的な王が、3年続きの凶作ののちに生贄(いけにえ)にされた経緯(いきさつ)をつぎのように語っている。

　ドーマルデは父ヴィースブルのあとを継(つ)ぎ、国を支配した。彼の治世には飢饉と窮乏(きゅうぼう)がつづいた。そこでスウェーデンの人々はウプサラで大規模な生贄(いけにえ)の儀式をおこなった。最初の秋は雄牛を生贄にしたが、収穫は増えず、つぎの秋には人間を生贄にしたが、収穫は前と同じか、それ以下だった。3度目の秋、生贄の儀式の時期になると、大勢のスウェーデン人がウプサラに集まった。首領たちは民会をひらき、あいつぐ凶作の原因がドーマルデ

第6章　統計　239

王にあること、豊穣(ほうじょう)を祈願して王を生贄(いけにえ)にすべきこと、王を襲って殺し、その血を祭壇に注ぐべきことで意見が一致した。そしてそのように事がおこなわれた。

(『ユングリング・サガ』15)

　ここに見える王の責任の取り方は、魔術的・儀式的である。当時は北欧神話の主神オーディンの記憶が人々の心に生々しく残る混乱期で、歴史はまだ神話から完全には分離していなかった。人々は、超自然的な力と人間社会との複雑なやりとりが、農作物の収穫量を左右すると信じており、王はそのやりとりにおいて重要な役割を果たしていたのである。

　ドーマルデはもともと義母に呪(のろ)いをかけられていたから、ことによるとセイズの犠牲になったのかもしれない。しかし、重要なことは生贄が期待どおりの効果をあげたということだ。事実、その後は息子のドーマルが王となって長く国を治め、スノリによれば、その治世の終わりまで国中が豊作に恵まれ、平和のうちに暮らしたという。

ファラオの政策

　一方、ヨセフの物語におけるファラオの責任の取り方はどうだろうか。ここに示されているのは、魔術的・儀式的なものから離れた、官僚主義的で現世的な責任の取り方だ。ファラオの関心は、今後14年間に何が起こるか、にある。彼は予想される禍(わざわ)いにそなえたいと思っており、そのための物質的手段を持っている。農産物の20％を特別税として物納させ、豊作の7年間、それを蓄えておくのだ。そのために特別な役

人組織をつくり、全権大臣の指揮下において、計画の進みぐあいを監視させる。

ここで今、試算のために豊作の7年間の収穫量を例年より25％多く125％と見積もり、凶作の7年間の収穫量を例年より25％少なく75％と見積もったとしよう。ヨセフの提案にしたがうと、豊作の間に消費量を25％少なく、つまり125％－25％＝100％に抑えれば、凶作の間の消費量を75％＋25％＝100％に上げることができるという計算になる。これはなかなか有望な計画であり、事実うまくいった。少なくともファラオは、ただで集めた穀物を高い値段で売りさばくことに成功したのである（『創世記』第41章56～57節）。

ヴァイキングの王だったらとてもこうはいかなかっただろう。このような事業をおこなうには、大規模な官僚組織がなければならないからだ。まず生産力を徹底調査し、王立の穀物倉庫を全国に配備する。そこに7年間、収穫の20％を納めさせ、それを保管し帳簿をつけ、いよいよ凶作がはじまれば、蓄えておいた穀物を7年間もつよう調整しながら売っていく。そのためには国民が必要とする食糧の量をかなり正確に把握しなければならない。元からいた憲兵や税吏や徴税人のほかに、大勢の会計士や統計家も必要だ。ファラオはそのことを十分心得ており、そのための特別組織をつくった。そこで働く書記たちが計算をし、会計を分析し、経営を管理した。そして、ヨセフがツァフェナト・パネアというエジプト名をもらってファラオの大臣となったのと同じように、これらの書記たちもやがてその高度な専門性を利用して、政治権力の階段を昇っていったはずである。

だがそのような非常時にかぎらず、エジプト王国を統治す

るには、将来見込まれる財源を上手に運営することが不可欠だった。そのためには長期的な政策をもち、予測にもとづいて具体的な計画を立て、すみやかにそれを実行させることのできる強力な行政府がなければならない。エジプト経済は本質的に農業経済であり、人々の生活リズムはナイル川の増水によって決められていた。そこで、定期的に全国を視察して新しい収穫高を見積もり、それで足りるかどうか、余りを貯蔵にまわせるか、それとも蓄えに手をつけなければならないかを判断し、収支を正確に記録し、翌年の収穫高を推定して、当年の流通分を効果的に取り仕切る、そういう活動が日常的におこなわれていたはずである。

　ヨセフのおかげでファラオの問題はとてつもなく簡単になった。なにしろヨセフは確信をもって、翌年ばかりか、来る14年間のことを予言したのである。そこまでわかっていれば、今後の政策くらい誰にでも決められる。豊作の７年間に節約し、それを凶作の７年間にまわせばよいのだ。

　ただ、このときのように神から直接のお告げがあれがよいが、そうでなければ翌年のこともわからない。今年が豊作でも、来年が豊作か凶作かはわからないから、蓄えるのと食べてしまうのと、どちらがよいかわからない。たとえ豊作が２年続いたとしても、事情は大して変わらない。そのうちやってくるにちがいない凶作にそなえて備蓄をつづけるべきか、それとも何も考えずに飽食の喜びに身をまかせてもよいのか、やはりわからないのである。

リスクを分散させる

　このように夢のお告げがなくて、明日のことがわからないときでも、ファラオは過去の経験から実効性が保証されている方策を利用することができる。そのひとつで、今でもよくおこなわれるのは、征服と併合による領土の拡大である。

　これによってリスクが分散され、したがって減少する。なぜなら同じ「肥沃な三日月地帯」でも、パレスチナ、レバノン、シリアからメソポタミアにいたる地域では、エジプトとは異なる条件の下で農業がおこなわれているからだ。

　エジプトの運命は、ナイル川の源流があるエチオピア高原への降雨量によって決まるが、パレスチナ、レバノン、シリアの運命は、エチオピアから遠く離れた地中海沿岸の二つの山脈（レバノン山脈とアンチレバノン山脈）に降る雨の量に左右される。さらに遠くのメソポタミアには、チグリス川・ユーフラテス川から引かれた灌漑用水路が整備されているが、これらの川は小アジアのカッパドキア高原から流れてくる。三つの経済が、それぞれ固有の運命のきまぐれの下に、しかし互いに独立に存在するのだ。エチオピアに雨が降らなくても、レバノンには降る可能性がある。したがってエジプトからメソポタミアまで領土を広げておけば、中央アフリカから小アジアまでの全地域が干上がってしまわないかぎり、飢饉に苦しまずにすむだろう。もちろんこれだけ広い範囲でも、全域がいっぺんに干上がってしまう可能性はゼロではない。しかし局所的な乾燥にくらべればその頻度ははるかに低いはずだ。たとえば、7年に一度はナイルの増水がなく、7年に一度はチグリス・ユーフラテスが干上がるとして、これらの

出来事が互いに独立ならば、二つの出来事が一度に起こる確率は $\frac{1}{49}$（49年に一度）にすぎない。ということは、皇帝は自分の在位期間にはそのような災禍に遭わずにすむと考えてよいことになる。

　もうひとつの年の天気が悪いからといって、来年も悪いとはかぎらない。もちろん、今年の天気が悪いのは、気候が周期的な変動期にきているのかもしれないし、神の怒りが爆発したのかもしれない。しかし、確かな証拠がないかぎり、来年の天気と今年の天気は独立だと考えるほうが理にかなっている。そこから導かれる結論は簡単だ。たとえば、先の例のように日照りになる年の頻度が $\frac{1}{7}$ だとすれば、2年つづけて日照りになる確率は $\frac{1}{49}$、7年連続する確率は $\frac{1}{823543}$ になる。そのような出来事が起こるとは考えられないから、もし本当に起こったとすれば、たしかに超自然的な力が働いたか、さもなければモデルがまちがっているのだろう。

独立性

　こうしてみると、推論の中心には独立性の概念があることがわかる。もう少し詳しくいうと、地理的隔たりに起因する空間的な独立性と、忘却に起因する時間的な独立性である。もちろん見方によっては、独立性など存在しない。大気の循環を決めるものは最終的には日射と地球の自転である。あちこちで観察される局所的な乱れは、大きな系のなかで起こる複雑な相互作用の結果にすぎない。

　エチオピアの降雨もカッパドキアの降雨も、その原因は、隔たっているとはいえ同じ大気の運動にある。地球のまわり

を回る宇宙飛行士なら、眼下に半球を一望して雲の舞いを楽しむことができるから、そのことがよくわかるはずだ。しかし雲の紋様は非常に多彩であり、しかも予期せぬ動きをすることが多いので、エチオピアでの降雨日を、雨季全体のなかで数えるか、それともカッパドキアの降雨日のなかで数えるかによって、その相対度数はかなりちがったものになってしまう。別の言葉でいうと、アンカラで雨が降っていることがわかっても、アジスアベバで雨が降る確率には影響しない（あるいはほとんど影響しないのでわたしたちにはとらえられない）。そういう意味で、これらの出来事が互いに独立だというのである。

　同じように、今日カイロで雨が降っていることがわかっても、1年後のカイロの天気を知るための役には立たない。原理的にいえば、答はもちろん今日の大気状態に含まれている。だが、365日もたてば先刻のにわか雨の記憶など、大気状態に影響をあたえる無数の因子のなかに——蝶の羽ばたきのような微小なものから、南シナ海の台風のような重大なものまで、あらゆるレベルの因子のなかに——まぎれこんでしまう。気象学では、年単位で時をはかるとき、記憶は役に立たない。今日、雨が降ったことを知っている人も、知らない人も、1年後の今日に雨が降るかどうかの予言に関しては、同じ条件のもとにおかれているのだ。

統計学

　統計学では、出来事をひとつひとつ別個にあつかい、どの出来事も厳密に数学的な意味でランダムに起こると考える。

各出来事に対し、赤い球と緑の球がたくさん入った大きな壺を思い浮かべてみよう。出来事を起こすかどうか、決定を下す必要が生じるたびに、神様は壺から球をひとつ取り出す。それが緑の球ならその出来事は起こり、赤い球なら起こらない。統計家の仕事は、赤い球と緑の球の比率を推測することである。

最も単純な場合、くじ引きは各回独立におこなわれる。つまり、つづけてくじを引くとき、各回のくじの結果はそれまでの結果に影響されない。この独立性を保証するための第一の方法は、1回くじを引くたびに球を壺にもどし、色が偏らないようによくかきまぜることだ。そうすれば経験的な相対度数、つまり（緑の球が出た回数）÷（くじ引きの回数）は、くじ引きの回数が多くなればなるほど、壺の中に入っている緑の球の比率に近くなるだろう。

独立性を実現するためのもうひとつの方法は、くじ引きの回数分だけ壺を用意して、各壺から1個ずつ球を取り出すことだ。このとき2回のくじ引きで緑の球が2個出る確率、つまりどちらの壺からも緑の球が出る確率は、（最初の壺から緑の球が出る確率）×（二番目の壺から緑の球が出る確率）に等しい。たとえば二つの出来事が互いに独立で、起こる確率がそれぞれ$\frac{1}{2}$だとすると、それらがともに起こる確率$\frac{1}{2} \times \frac{1}{2} = \frac{1}{4}$となる。

相関関係のある場合

さて、今度は二つの出来事が独立ではなく、相関関係をもっている場合を考えてみよう。そのような状況も、独立な

きと同じようにいくつかの方法でつくることができる。ここでは二つの出来事の起こり方を、ひとつの壺からの1回のくじ引きで決めることにしよう。そのために球の色を増やし、緑と赤のほかに白と黒の球を導入する。考えている二つの出来事をX、Yとし、取り出した球の色に対してX、Yの起こり方をつぎのように定める。取り出した球の色が、

　　緑なら、XとYの両方が起こる。
　　白なら、Xは起こるがYは起こらない。
　　黒なら、Yは起こるがXは起こらない。
　　赤なら、XもYも起こらない。

　そして先ほどと同じように、決断の時がおとずれるたびに、神様が壺から球をひとつ取り出すのだ。もし4色の球の比率が同じ（どれも25%ずつ）なら、どの球の取り出される確率も$\frac{1}{4}$となり、先述した各々$\frac{1}{2}$の確率をもつ独立な二つの出来事の場合と起こり方の確率が等しくなる。そこでこのくじ引きは、2色の球の入った二つの壺から1個ずつ球を取り出すのとまったく同じことになる。したがってこの場合、出来事Xと出来事Yは互いに独立だといってよい。

　一方、これとは対照的に、白と黒の球がひとつも入っていない場合を考えてみよう。このとき、XとYは互いに相手なしには決して起こらないので、両者はこの上なく密接な関係にあるといってよい。どちらがどちらの原因か探ろうとしても、どちらかひとつだけを取りあげることはできない。わたしたちにわかるのは両者がつねにいっしょにあらわれるということだけである。

第6章 統計　247

これら二つの場合を両端として、その間にはあらゆる段階の相関関係が存在する。例として、緑が30%、白が20%、黒が20%、赤が30%という球の比率の場合を考えてみよう。もし出来事Xにしか関心がなければ、緑が出たときも白が出たときも、たんにXが起こったと思うだけだろう。このときXの起こる確率は30%＋20%＝50%である。

　つまり、他に何も情報がないときは、出来事Xには50%という確率があたえられる。だがここでさらに出来事Yが起こったことがわかったとする。これは、取り出された球の色が緑か黒だったということだ。球の比率を考えると、それが緑の球である確率は $\frac{3}{5}$、つまり、このときXも同時に起こる確率は $\frac{3}{5}$（＝60%）である。したがってYが起こったという情報は、Xの起こる確率を50%から60%に上げることになる。Yが起こったという事実がXの起こる確率を上げる。このとき出来事Xと出来事Yは正の相関関係をもつといわれる。

中心極限定理

　もちろんこのような相関関係を考慮に入れることもできるが、統計学の核心はあくまでも互いに独立な出来事の研究にある。そのなかで最も美しく、最も普遍的な結果は「中心極限定理」と呼ばれる定理だ。そこには、各回独立におこなわれる多数回のくじ引きの結果が詳しく述べられている。

　いま、壺のなかに白い球と黒い球が同じ比率で入っているとし、その壺から1個取り出しては元に戻してよくかきまぜるという方法で、各回独立のくじ引きを連続しておこなうとする。誰でも直観的には、多数回くじ引きをおこなえば白球

と黒球がほぼ同じだけ出るはずだと思うだろう。そしてそう思う一方で、運悪く黒球ばかりが出る可能性もゼロではないことを承知している。中心極限定理はこの極端なケースがどれだけの頻度であらわれるかを教えてくれる。それによってわたしたちは、この頻度が、くじ引きの回数が多くなるにつれて急速にゼロに近づくことを知るのである。

　たとえばくじ引きを1500回おこなうとすると、起こりうる球の出方は全部で2^{1500}通りという膨大な数になるが、そのうちの半数は、白球の観測比率（1500回のうちに出る白球の割合）が0.49から0.51の間におさまってしまう。つまり、可能な筋書きのうち半数については、白球の観測比率が真の比率0.5からせいぜい0.01しかずれない。そこで、1500回くじを引くとき、白球が49%から51%の割合でとり出される確率は0.5ということになるが、この確率はくじの回数が10000回になると0.954に上がり、27000回では0.999に上がる。このことから、27000回つづけてくじを引くとき、白球の観測比率±0.01の区間に真の比率が含まれるという推定は99.9%の確率で当たる、つまり0.1%の確率でしか外れないことになる。

　中心極限定理の第一の教えは、くじ引きの回数の平方根だけ推定の精度が増すということだ。たとえばいま、白球と黒球が同数入っている壺で各回独立に多数回くじ引きをおこない、観測結果をもとに、真の比率が含まれる区間を推定するとしよう。白球の観測比率を中心とするある区間に真の比率が含まれるという推定が99.9%の確率で当たるようにしたいとき、その区間の幅は、100回のくじ引きでは0.33だが、1万回のくじ引きでは0.033、100万回のくじ引きなら0.0033となる。つまり、99.9%信頼できる推定区間の幅は、くじ引き

の回数が100倍されるたびに10分の1に縮まっていく。いいかえると、くじ引きの回数をいくら増やしても真の比率からのずれは常に存在し、100回、1万回、100万回つづけて白球ばかりが出る可能性はけっしてなくならないが、そのような出来事の頻度はかぎりなくゼロに近づいていくのである。このことは、互いに独立で平均ゼロのランダムな誤差は、足し合わされるとしだいに相殺する、といいかえることができる。

正規分布

中心極限定理は幾何学的に解釈することもできる。そのためには、独立に多数回（N回）おこなったくじ引きの結果を曲線であらわしてみればよい。白球と黒球の入った壺を考え、これでN回独立にくじを引いたあと、出た白球の数を合計する。その数は、N回とも黒球がでた場合の0個から、N回とも白球がでた場合のN個まで、あらゆる整数値をとるだろう。そこで0からNまでの各数 n に対して、出た白球の数の合計が n になるような場合の数を対応させると、そのグラフは平均値（白球と黒球が同数の場合は $\frac{N}{2}$）を中心に左右対称の釣鐘（つりがね）形をした特徴的な曲線になる。これは正規分布曲線（またはガウス曲線）と呼ばれる曲線で、科学技術のあらゆる分野にあらわれる。この普遍性こそ中心極限定理の結論のひとつなのだ。

測定値を集めれば、必ずといってよいほど正規分布曲線があらわれる。入隊日に測定された新兵の身長も、計算における丸め誤差も、物理量の実験測定値も、この曲線にしたがって分布するのだ。

不思議に思われるかもしれないが、考えてみれば各人の身長は、調査対象全員に共通する特徴（食生活の型や遺伝子プールなど）と、無数の個人的特徴（食べ物の好き嫌い、遺伝形質と変異、生活水準、身体活動など）の総和として決まる。後者の個人的特徴はどれもランダムにあたえられるから、各人が生まれるときに引いたくじの結果とみなすことができる。しかもこれら無数のくじ引きは各回独立におこなわれると考えてよいので、調査対象の人々の身長は中心極限定理にしたがうのである。

　同じように、物理量をひとつ測定すれば、その値にはさまざまな原因から生ずる誤差がかならず含まれる（誤差の主な原因としては、測定に使った装置の微妙な不備のほか、不備のない装置でも避けることのできない精度限界などがある）。できるだけ信頼度の高い結果を得るために、実験を再現し、測定をくり返せば、各回独立に多数回くじ引きをすることになり、これもまた中心極限定理の前提をみたすのである。

中心極限定理の威力

　この定理の威力は大したもので、その適用範囲は見たところ偶然とは何の関係もなさそうな分野にまで広がっている。たとえば数論がそうだ。まず、素数とは1とそれ自身のほかに約数をもたない自然数であるということを思い出そう。そこで素数を小さい順に並べれば 2, 3, 5, 7, 11, 13, 17, 19, 23, 29, 31, 37, 41, …と、古くから数学者たちを魅了してきた素数の列が無限につづいていく。素数でない自然数は素因数の積に分解される。たとえば6は二つの素因数に分解され（6 = 2 ×

3)、210 は四つの素因数に分解される（$210 = 2 \times 3 \times 5 \times 7$）。ひとつ自然数があるとき、それが 6 で割り切れるためには、2 でも 3 でも割り切れなければならない。

一方、自然数全体の集合を考えると、その半分は 2 で割り切れ、3 分の 1 は 3 で割り切れ、6 分の 1 は 6 で割り切れるから、ひとつの自然数が 2 で割り切れる確率は $\frac{1}{2}$、3 で割り切れる確率は $\frac{1}{3}$、6 で割り切れる確率は $\frac{1}{6}$ と考えることができる。$\frac{1}{6} = \frac{1}{2} \times \frac{1}{3}$ であるから、「ひとつの自然数が 6 で割り切れるには、2 でも 3 でも割り切れなければならない」ということと、互いに独立な出来事にかんする確率の積の法則とのあいだには、形式的なアナロジーが存在することがわかる。これを押し進めて、本当に偶然が関与しているかのように中心極限定理をあてはめることができるだろうか。もしできるとしたら、それはこの上なく逆説的なことではないだろうか、なにしろ自然数列ほど決定論的なものはないのだから。

ところがマーク・カッツとポール・エルデシュは、1939 年、素因数の数が正規分布にしたがうことを証明した。正確にいうと、自然数 m が十分大きいとき、その素因数の個数は $\log\log m$ のオーダーの数であり、それが

$$\log\log m + a\sqrt{2 \log\log m} \quad と \quad \log\log m + b\sqrt{2 \log\log m}$$

の間にあるような自然数 m の割合は、正規分布曲線 $y = \pi^{-1/2} \exp(-x^2)$ と x 軸に挟まれた図形を、直線 $x = a$ と直線 $x = b$ で切りとった部分の面積にひとしいということである。

したがって、自然数の無限列は、素数のなかから各回独立にくじ引きした結果を並べたものとみなすことができる。い

ってみれば、神がまず1と素数を創造し、そのあとそれらをくじ引きして、出てきた素数を組み合わせて他の数をつくったようにみえるのだ。第一の日、神は2と3を引いた。そこで6ができた。第二の日、神は2と3と5と7を引いた。そこで210ができた、というように……。

ブラウン運動

以上はどれも静的な例だが、ここで独立性の概念に力学的な意味合いをあたえてみると、ブラウン運動にいきあたる。ブラウン運動というのは、液体中を漂う微粒子の不規則な運動のことだ。この現象は1827年にイギリスの植物学者ロバート・ブラウンによって発見され、1905年、アインシュタインとスモルコウスキーによって、ランダムに動きまわる周辺分子と微粒子との衝突が原因で起こることが突きとめられた。ブラウン運動の数学理論は、ノーバート・ウィーナーとポール・レヴィによってつくられた。この理論は今日、時間と偶然に依存する現象をモデル化するときの中心的な道具となっており、その普遍性は正規分布にまさるとも劣らない。それに両者は密接に結びついてもいる。

ブラウン運動はその定義からいって「記憶をもたない」運動である。つまり、水中を漂う花粉の粒子はつぎの衝突がいつやってくるかを知らないし、どちらの方向にどれだけの力で動かされるのかも知らない。数学モデルはこの状況を理想化し、一瞬一瞬、自分がどこから来たかを忘れ、どこにいるかを眺め、どこに行くかを決める粒子を構築する。いいかえるとその移動は、一瞬一瞬、過去の歴史と独立でなければな

らないので、粒子の速さと方向は連続的にくじ引きで決まると考えてよい。そのように刻々と速さと方向を変えながら動く粒子による連続した軌跡を思い浮かべてみよう。ぎざぎざした複雑にもつれた線が見えてくるだろう。これを何倍かに拡大して一部分だけ眺めても、あるいは反対に、少し遠くから広い範囲を眺めても、見えるのはつねに同じ構造、あちこちへ行きつ戻りつする折れ線である。物理的には分子レベルより詳しく解析できないという限界があるが、数学では無限に倍率を上げることができ、どこまでいっても同じ折れ線構造が見いだされる。時間の幅をどんなに縮めても、粒子の動く方向と速さはたえず変化しつづける。このためブラウン運動の軌跡は、19世紀の数学者たちが、少し病的な珍しい曲線とみなしていた「接線をもたない連続曲線」を思い起こさせる。物理学者ジャン・ペランは著書『原子』(1913年)のなかでそのことを指摘した。それが数学者ノーバート・ウィーナーの注意を引きつけたのである。

ウィーナーは1923年、ブラウン運動にはじめて厳密な数学的定義をあたえた。そのさい難しかったのは、物理学者たちがブラウン運動の特徴だと考えていた性質を、すべてその数学モデルにもたせることだった。そのためにウィーナーはつぎの二つの性質を基本にすえた。ひとつは、すべての軌跡が連続でなければならないというもの。もうひとつは、粒子の位置が時刻 0 に観測されたら（つまり知られたら）、その後の時刻 t における（ランダムな）位置は、正規分布にしたがう（もちろんそのパラメーターは流れた時間 t に依存する）というものである。ブラウン運動のその他の性質はすべてこの二つから導かれるのだ。

ブラウン運動の応用

こうしてブラウン運動にしっかりとした数学的基礎があたえられると、その理論はランダム現象のモデル化に中心的役割を果たすようになった。たとえば通信では、信号はたえず雑音に邪魔されるため、雑音から信号を分離することが求められる。これをフィルタリング問題という。この問題はウィーナー自身によってはじめて解決された。つまり彼は自分でつくった道具の切れ味を自分で試してみたわけだ。しかし、その成果は長いあいだ軍事機密にされていた。というのも、そこにはレーダーという高感度の新しいテクノロジー装置が使われていたからだ。今日ではもっと性能のよいフィルタリング技術が開発されており、航空機や潜水艦の自動操縦装置や慣性誘導装置などに組みこまれている。だがブラウン運動の応用分野はたんに信号処理にとどまらない。伝染病の伝播の研究でも、熱の拡散の研究でも、ブラウン運動はモデル化の基本的な道具となっている。

そして最近、ブラウン運動にもうひとつ別の適用分野がみつかった。株式市場である。じつは19世紀最後の年に、L.バシュリエというフランスの数学者が、ある論文[*]に、株価の動きをブラウン運動でモデル化するというアイデアを発表していた。しかし当時は証券市場も数学的手法も未熟だったので、その考えは注目されることもなく埋もれてしまった。それがウィーナーの仕事のおかげで日の目を見、1973年、フィッシャー・ブラックとマイロン・ショールズが、株のオプション（後出）の価格を算定する有名な公式を証明すると、一躍金融界でもてはやされるようになったのである。

第6章 統 計

まず、株価の動きをブラウン運動でモデル化するという考えが、けっしていいかげんな思いつきではなく、株式市場のふるまいについての的を射た考えを反映していることに注意しよう。じっさい、株価がその時々の入手可能な情報をすべて反映しているという考え（効率的市場仮説）を受け入れるならば、それが変動するのは新しい情報がもたらされるからだと考えなければならない。そうした新しい情報は、過去に予測が可能だったものと、そうでないものとに分けられる。

　前者については、もし市場が正常に働いていれば、すでに価格に織りこまれていたはずである。つまり、予測にもとづいて予想がなされ、それに応じてすでに株価が上がるか下がるかしていたはずだから、予測していた情報が現実にもたらされたからといって、新たに価格が動くことはないはずだ。したがって株価を動かすものは、その時々にもたらされる情報のうち真に新しい部分だけ、つまり過去に手にした情報からは予測できないもの（したがってランダムなもの）だけということになる。このような観点からすれば、株価の動きを独立な増加過程、つまりブラウン運動に見立てるのはごく自然なことなのだ。

　しかし実際に、株価を決めているのは投機家である。世界中の無数の投機家たちは、自分たちがコンピュータのモニターを睨みながら悪戦苦闘しているのは、じつはブラウン運動をつくり出すためなのだといわれても、素直に認める気にはなれないだろう。おそらく真相は、株式市場の95％で起こる値動きの95％が、ブラウン運動で（予測とまではいかなくても）説明でき、残りの部分で人間の才覚が発揮される、そしてそこで大儲けや大損が生じているということなのだろう。

それはともかく、経済理論にブラウン運動を用いることは単なる価格の調整以上の意味をもっている。というのは、ブラウン運動を使って、ある種の金融商品（たとえばオプション）の価格を決めることができるからだ。

　　＊註：《Theorie de la speculation》, Annales scientifiques de l'Ecole normale superieure, 17, 1900, p.21-86（「投機理論」、高等師範学校科学年報、17号、1900年）

株のオプション

　株のオプションとは、ある株をいつどれだけの価格で売る（買う）かを前もって決めておき、満期がきたとき売るか、売らないか（買うか、買わないか）を選択できる権利のことである。たとえば、ある株を350円で売りつける権利（オプション）を買ったとしよう。満期がきて、もしそのときの株価が330円なら、このオプションの買い手は権利を行使して、350円で売りつければ、20円のもうけが出る。逆に満期における株価が380円になっていれば、350円で売ると損をするから権利を放棄すればよい。大口株主は、その株のオプションを買っておけば株価の下落に備えられるだろう。オプションの売り手にしてみればリスクを冒すことになるので、その見返りが必要であり、それがオプションの価格となる。

　それをどのように決めるべきかという、オプションの適正価格を決定する問題は、1973年にブラックとショールズによって解決された。彼らの公式を適用するには、当の株価が上がり下がりする確率を知る必要はなく、ただ不確実性をあらわす指標として、価格変動の大きさ（ヴォラティリティと呼

ばれる）だけを確定すればよい。したがって投機家は、株価の時間発展について予言する必要がないどころか、統計をとる必要もなく、ヴォラティリティの値が妥当であることに合意しさえすればよい。つまり、ブラウン運動を支配しているパラメーターのひとつを認めるだけでよいのだ。こうして、株価が将来どのように変わるのかわからなくても、オプション価格を決めることができる。このすばらしい結果は今日あらゆる経済理論の基礎となり、将来数学をするとは夢にも思っていなかった人々のあいだにまでブラウン運動を普及させた。

モデルの棄却

もし統計学を、中心極限定理とその化身（たとえばブラウン運動）に帰着させることができるなら、こんなに単純で美しいことはないだろう。だが残念ながらそうはいかない。統計家の前には別の問題が立ちはだかっている。とりわけ彼には、他のどの分野の科学者よりも厳しい制約がある。それは、いかなるモデルについても、モデルとしての有効性に太鼓判を押すことができない、ということだ。確実なことがいえるのは、モデルの有効性を否定するときだけなのである。

先ほどわたしたちは、数種類の色の球が一定の割合で入った壺から出発して、各回独立に球をとり出し、出た色の頻度が真の比率から離れているかどうかを問題にした。けれども現実の統計家にそのような特権的な視点はあたえられていない。現実には、いくつかの観測事実があるだけであり、それもたくさんあるとはかぎらない。統計家にはそれらが偶然の

産物であるかどうかの識別はできない。球が壺からとり出されたと断定することも、壺の中身を推測することも、それらの観測事実が独立したくじ引きの結果だと断言することもできないのである。

ちょうどいかさまトランプ師が、シャッフルしたりカットしたりして思い通りにカードを配ることができるように、偶然だと思っているところに別のメカニズムが働いている可能性がつねにある。統計家は、扱っている現象に確率論的モデルをあてはめても、それが正しいモデルであることは決して確かめることができない。できるのはせいぜい、あるモデルをあてはめると観測事実が異常になる場合、つまりそれらの事実が観測される確率があまりにも低い場合、そのことを理由にそのモデルの有効性を否定する、すなわちモデルを棄却することだけである。

この点について説明しよう。統計家は、考えている確率論的モデルがあたえられた観測事実と両立できるかどうかを確かめる。そのモデルのもとで、それらの事実が起こる確率を考え、それがあまりにも小さいとき（$\frac{1}{1000}$のオーダーやそれ以下なら）、そのモデルは観測事実と両立できないと結論される。というのは昔から、確率があまりにも小さい出来事は起こらないとする原理が認められているからだ。あるモデルのもとで観測事実の実現確率がきわめて小さいということは、そもそもモデルが事実に合っていないからだと考え、モデルを棄却するのである。

これに対して、モデルのもとでの実現確率がたとえば$\frac{1}{10}$やそれ以上のときは、観測事実と両立しうるといわれる。だが、それならこのモデルが有効かというと、そうは結論でき

ない。実現確率がたとえ$\frac{9}{10}$であろうと、$\frac{99}{100}$、いやそれ以上であろうと、モデルの有効性が証明されたことにはならない。なぜなら、別のモデルを選べばこれらの観測値の実現確率がさらに1に近づくかもしれないし、それどころか、いま考えている現象が偶然によるものではない可能性すらあるからだ。

もちろんこれは自然科学全般にいえることである。わたしたちは創造主のアトリエに入れてもらえなかったので、そこで本当は何が起こっているのかを知らない。誰かがいっていたように、もし入れてもらえたら、創造主に有意義な助言もいくつかできたように思うのだが。仕方がないから、わたしたちは自分で設計図を書いてみて、物事がそれにしたがっているかどうかを検証するしかない。科学者はいつも、理論を棄却できるかどうかの決め手になる実験をしようと努力している。このような検証活動をする上で統計学が重要な役割を果たす。その手法はテクノロジーの分野でも広く利用され、工場でも省庁でも、現場でも大学でも、統計家は仮説を立ててそれをテスト（検定）している。

たとえば品質管理では、生産ラインから出てくる不良品の割合がある限界内におさまっているかどうかが大事な問題である。そこで統計家は、不良品の割合があたえられた限界よりたしかに少ないという仮説を立て、観測事実（標本）の実現確率がどのくらい小さければ仮説を棄却するか（これを有意水準という）を決め、あたえられた標本でそれをテストする。その結果、標本のなかの不良品の割合が、この仮説のもとでは有意水準以下の確率でしか実現しないような値であることがわかって、仮説が棄却されたら、そのときはじめて統計家は自信をもって、不良品の割合が限界を超えている、と

製造責任者に意見することができる。

偶然である可能性はつねにある

モデルを棄却するというこの検証法は、非常に慎重なだけに応用範囲が広く、いろいろな使い方がある。たとえば品質管理では、モデルの棄却という結論が重要である。なぜならそれは、生産のための計算に組みこまれたパラメーターに不適切な値が当てられていたこと、そのために理論上の限界が守られなかったことを教えてくれるからだ。しかし状況がちがえば、モデルが棄却されないという結論、つまりモデルと観測事実が両立しうるという結論が重要になることもある。両者が両立できるなら、調べている現象が偶然の産物であるという可能性は保たれる。このことは選択問題を採点するとき、新薬をテストするとき、念力やテレパシーなどを対象とする超心理学の実験結果を分析するときなどに、重要な意味をもってくる。そのようなときにはつねに、偶然が絡んでいる可能性を考えなければならないからだ。

たとえば、ある分野に関する100問の設問があり、1問につき四つ選択肢が与えられているとする。わたしはその分野について何も知らないのでデタラメに解答する。しかし、デタラメに答を選んだとしても4分の1、つまり25問は正解するだろうと期待できる。採点者の側からすれば、デタラメに答えて正解した25問分と、真面目に答えて正解した25問分とに、同等に点を与えるわけにはいかないので、この種の試験では、25問以下の正解は0点とされる。25問より多く正解した答案だけが採点の対象になるのだが、それでも不当な採点

をしてしまう可能性はゼロではない。

偶然の存在は保証できない

　偶然が絡んでいる可能性があるうちは、学生の知識や、薬の治療効果や、テレパシーについて、どんなにもっともらしい説明をしても説得力はない。統計検定が偶然を排除しないかぎり、何も証明されたことにはならないのだ。これは分かり切ったことのようだが、じつはそうではない。ランダムに答えてもかなりの割合で正解するばかりか、ときには驚くべき正答率に達する場合さえあることを心得ている人はとても少ないのである。

　しかし偶然が排除されないからといって、それではじっさいに偶然が絡んでいることを統計的に証明できるかというと、それも決してできないことに注意しなければならない。いくつかの扉を閉めて偶然が入りこまないようにすることはできるし、反対にそれらを開け放っておくこともできるが、そこから必ず偶然が入ってくるという保証はない。けっきょく、確かなことは、偶然が関与しているという説明が排除されない、ということだけなのだ。

　統計家が偶然の関与を断言できるのは、みずからの手で偶然を導入したときだけである。たとえば標本調査では、標本のとり出し方がランダムになるように注意する。つまり、何とかしてそれが壺の中の球の各回独立なくじ引きと同じになるようにする。これは一見とても簡単そうに見えるし、事実、工場の生産ラインの最終段階で製品をとり出すときなどは、そうした方法が可能である。

だが、政治的な意見や性習慣についてのアンケートとなると、話はまったくちがってくる。どうやって質問しようか？　路上で？　移動しない人や、車で移動する人はどうする？　電話をかけようか？　でも電話のない人もいるし、複数の人間がひとつの番号を共有していることもある。戸別訪問しようか？　しかし村や町が集まった地域全体でどうやってくじを引こう？　回答を断られたらどうしよう？　断った人を何らかの方法でアンケート結果に反映すべきか、それとも別の人に同じ質問をすべきか？　得られた結果そのものにはどういう価値があるのだろう？　それが正直な回答だという保証はあるのか？　支持政党の名を、投票所でなら書けるが、進んではいいにくいということもあるだろう。とすれば答が偏ることを考慮しなければならないが、具体的にはどうすればよいのだろう？　こうして統計家は、アンケートの実施にあたって守るべき約束事や踏むべき手順を事細かに決めることになり、偶然など二の次になってしまう。

　ところが、偶然がなくても統計は少しも困らない、というのが近年の大発見なのである。コンピュータによる情報管理が普及したせいで、社会生活のあらゆる領域で膨大なデータが蓄積され、それらの解釈はもとより、単なる分類だけでも大変な問題となっている。

　これに対処するため、複雑なデータを少数の要因に分解する因子分析のような従来の統計的手法とは別に、新しい自動分類法やデータ分析法が誕生した。それらが、同じ統計学を名乗りながらも、確率論的モデルには依拠していないのだ。ではどうするかというと、たとえばデータを多次元空間の点とみなし、点の密集している部分をできるだけ区別して、全

体をいくつかのまとまり（クラスター）に分けるといったやり方で、データの形状を識別しようとする。この仕事は、2次元ならわたしたちも肉眼でできるが、処理すべきパラメーターが3個以上になると、コンピュータと複雑な計算の助けが必要になる。これは幾何の問題であり、そこにはもはや偶然の出る幕はない。

ふたたび、偶然へ

しかし、状況が再度逆転する可能性はある。その背景は、コンピュータに蓄積されるデータの膨大化である。上に述べたように、コンピュータの普及にともない、「統計」という言葉はますます「データの自動処理」を意味するようになっている。そこに蓄積データが膨大化してきたため、データの分類や解釈といった従来の問題だけでなく、データの圧縮のような新しい問題を解決する必要が出てきたのだ。保存するデータの量があまりにも多いと、コンピュータの記憶装置はすぐ一杯になるし、データへのアクセスにも途方もなく時間がかかる。そこで、入ってくる情報を処理して、それらが機械のなかで占めるビット数をできるだけ少なくしてやらなければならない。このデータの裁断と再構成、つまり圧縮において、意外にも確率論的モデルと古典的統計学がふたたび活躍しているのだ。

また、今述べたようなデータの分類・解釈・圧縮などはどれも、数十年来の計算機の飛躍的な進歩なくしては不可能だとはいえ、テクノロジーの進歩だけでは使用可能なデータの爆発的増加に太刀打ちできない。そこで、並列計算のような、

コンピュータの内部構造を最大限に活用した効率のよい計算方式を発展させることが必要になってきた。その結果、今では、計算の種類にあわせてコンピュータを設計するようになっている。ちょうど建築家が駅や空港を設計するときに乗客の流れを考えるように、さまざまな処理段階をもつ機械のなかで、いかに効率的にビット列を流すかということが、設計技師のおもな関心事である。そしてここでも、確率論的モデルや古典的統計学がふたたび脚光を浴びているのである。

先のことはわからない

統計学は偶然の存在を証明したり、偶然の関与を見破ったりするようにはできていない。それどころか、≪世界とは起こる可能性の高いものである≫というのが統計学の基本的な前提である。

統計家も、一般の人と同じように、世界が実在するという原則から出発する。ただ彼はそれだけでは満足しない。彼によれば世界はただ実在するだけではなく、起こる可能性の高いものでなければならない。もちろん、正直に投げたコインが明日からはどれも裏を向いて落ち、カジノのルーレットからは赤の偶数のマンク（1から18までの数）しか出なくなるというようなことも、理論的には起こりうるし、実際に起こったとしても確率論は崩れない。そのような出来事が起こる可能性はたしかにきわめて低いけれど、起こる可能性はある。そして、たとえ起こったとしても、統計理論を変える必要はまったくない。万一そういうことが起こったら、統計理論はつぎのように教えてくれるはずだ。もし創造主が宇宙をもう

一度やり直す気になったら、もっと正常にふるまう宇宙をつくる確率が高いけれども、こうなった以上はとりあえず、川が水源へとさかのぼり、エントロピーが時とともに減少する、このありそうもない宇宙で生きるしかない、と。

　だが、そんなことは起こらない、というのがわたしたちの前提である。わたしたちは、この宇宙では、起こる確率があまりにも小さい出来事は起こらないものだと思い、そのつもりで行動しているのだ。今までのところ、経験はわたしたちを裏切らなかった。だが、もちろん先のことは誰にもわからない。

おわりに

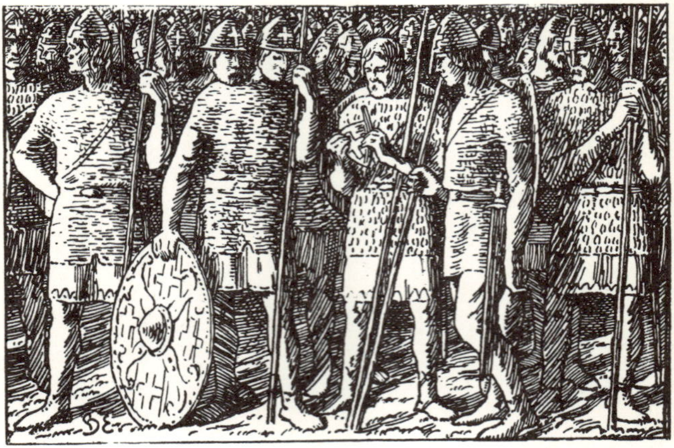

その夜、オーラヴ王は軍隊とともに休み、自分と臣下のために長いあいだ神に祈りをささげていたので、ほとんど眠らなかった。明け方、少し眠気がさし、目覚めたときには夜は明けていた。王はいよいよ軍隊を起こす時だと思い、スカルド詩人のトルモドを探した。トルモドは近くにおり、何をお望みですかと王にたずねた。「われらに歌を聞かせよ」と王はいった。トルモドは立ち上がり、全軍にきこえるような声で朗々と歌いはじめた。彼が歌ったのは古いビャルケの歌[*1]で、出だしはつぎのとおりである。

　　太陽とともに日は来たり
　　雄鶏の羽毛は逆立つ
　　奴隷には
　　労苦のはじまり
　　われは酒にも
　　女の笑いにも呼びかけず
　　むしろヒルド[*2]と
　　その猛きゲームにそなえ
　　勇気を呼び起こす

(『聖オーラヴのサガ』220)

＊註1：ビャルケは北欧の伝説的勇士。
＊註2：ヒルドは戦（いくさ）の女神の名。ヒルドのゲームとは戦争のこと。

戦いはその日、1030年7月29日にスティクレスタドでおこなわれ、オーラヴ王は大勢の兵士とともに戦場に倒れた。真の運命がはじまったのはその死後である。まもなく農民と地主たちは——彼らが結託して王に刃向かい、王を殺したのだが——うかうかとノルウェーをデンマーク王の手にゆだねたことを後悔するようになった。彼らはオーラヴ・ハラルドソンの遺体を麗々しく飾り立ててニダロスの大聖堂まで運び、王の息子マグヌスを亡命先のロシアのノヴゴロドから連れ戻して王位につけた。オーラヴ王の聖性の噂はまたたく間に北欧諸国に広まり、その墓は中世の有名な巡礼地として多くの信徒をひきつけた。しかし大聖堂は宗教改革のときに破壊され、今では聖オーラヴの遺骸がどこにあるのかを知る者はいない。

スカルドのトルモドはオーラヴ王の軍旗のもとで戦い、脇腹に深い傷を負った。その晩、彼は身体に突き刺さった矢を自分で引き抜いたのち息絶えた。スノリ・ストゥルラソンの語るところによれば、引き抜かれた矢尻の返しには赤と白の心臓の繊維がついており、トルモドはそれを見てこうつぶやいたという。「王はわれらに栄養をつけすぎた。心臓の根まで脂肪にくるまれている」。

人は死に、芸術だけが生き残る。日々の労苦と特別な戦い、煩わしい現在の習慣とおぼつかない未来に対する希望。こうした古い歌のテーマは現代人の心にも響いてくる。混乱、騒音、狂躁のかなたに、世界の和声（ハーモニー）に呼びかけるような歌声が立ちのぼる。オーラヴ・ハラルドソンの臣下たちは、この呼びかけを聞いたからこそ、王のあとについて勝算のない戦いに臨んだのだ。

ではわたしは？　わたしはなぜ学問に、科学に一生を捧げようとしているのだろう。ワーテルローの戦場を駆けるファブリスさながら、偶然に翻弄(ほんろう)され、予測もできずに、存在するものを記録するだけのために？　この戦いがけっきょくは偶然を宇宙の王座につけると決まっているなら、なぜ他の人々のあとを追って、そのなかに飛びこむのだろう。

それは、わたしもやはりトルモドの歌声を聞いたからだ。偶然は科学のすべてではないのである。

たしかに本書は偶然に捧げられているけれど、わたしが研究者として仕事をしているのは、偶然の入りこむ隙のない別の領域だ。幾何学、一般相対性理論、保存系の力学、素粒子物理学。人の手になるとは思えないほど美しいこれらの理論には、同じ和声(ハーモニー)が同じ数学的形式で、つまり変分原理の形であらわされている。

変分原理は、無数の可能な答のなかから特別な答を見分けるときに使われる数学上の判断基準である。最も単純でよく知られているのは、点と点をむすぶ一番の近道として直線を特徴づけるというものだ。この原理を使うには、まず2点間の距離とは何かを定義し、つぎに曲線の長さとは何かを定義しなければならない。そのあと2点をむすぶ無数の曲線のなかから長さが最短のものを探す。これを線分と定めれば、あとの性質はすべてこの基本性質から導かれる。このときわたしたちはユークリッド幾何学を、ユークリッドの公理にもとづいてではなく、たったひとつの単純な性質、ひとつの経済原理にもとづいて構築したことになるのだ。

この原理がたんなる数学者の物好きにとどまらなかったのは、物理学にも同じ方法が見出されたからである。17世紀に

はピエール・ド・フェルマーが、光は光学的距離を最小にする道を進むという考えを述べていた。これは、当時としては最先端の科学であった幾何光学のすべてを、変分原理のもとにおくということである。この原理を使うには、まず光学的距離（光路長ともいう）を定義しなければならない。これはふつうの長さの概念と完全に同じものではなく、光が通過する媒質の屈折率でそれに重みをつけたものだ。そのあと、すべての可能な道筋のなかから、光学的距離が最小になっているものを探す。すると不思議なことに、それが本当に光の進路になっているのである。そこでこの進路を計算すると、媒質の屈折率が一定のときは線分となり、一定でないときはもう少し複雑な線となる。反射であれ、屈折であれ、レンズ系であれ、幾何光学の法則はすべてこの原理から導かれる。

力学法則をたったひとつの変分原理に帰着させたのも、やはりフェルマーだった。彼が「最小作用の原理」と呼んだこの原理は、現代物理学が経験した、相対性理論と量子力学の誕生という二つの革命を無傷でくぐりぬけることができた。そして今も知の中心にあり、新しい危機が訪れるたびに、周辺の理論は再編成されるが、最小作用の原理それ自体の中心的地位はかえって強化されている。

科学の経済原理というべき最小作用の原理は、17世紀からすでに人々を魅了していた。なぜそれがこれほど重要な役割を演じるのだろう？　この問いは当時の哲学界に反響を呼び起こし、マルブランシュやライプニッツがきわめて大胆な試みによってそれに答えようとした。もし今日、この世界がすべての可能な世界のなかで最良のものであるなどといえば、笑われるに決まっている。だがこの言葉には、当時の人々の

経験と熱気があらわれている。ライプニッツは、自分が解析学の言葉をつくるとすぐさま、物理学者たちがそれに飛びつき、母国語のように操るのを見た。すべての変分原理は解析学の言葉で自然に表現することができ、それらを扱うための計算法が生まれてきた。ライプニッツは、科学がこの原理を中心に組織され、発展していくであろうことを予感し、その成果を見るまえに、なぜそうなるのかを理解したいと思ったのだ。その大胆さには感服するばかりであり、その情熱には共感するばかりである。

 それから3世紀あまりのち、わたしたちは同じやり方で物事を総合し、同じ見方でものを見ている。プラトンの『パルメニデス』以来、わたしたちは真実がとらえがたいことを知っている。そして、究極の素粒子というものがあるとしても、それはわたしたちが追いつめるほどに逃げていき、なおも近づけば雲散霧消してしまうことを知っている。素粒子から素粒子へ、心理分析から心理分析へと下っていく道は見きわめ難く、果てしない。この道を下ればかならず不条理が姿をあらわし、したがって偶然がわたしたちの道づれとなる。しかし、わたしたちが求めているのは別の道だ。その坂を登れば、物事が四散するどころか、逆に結集してくるのが見え、偶然はわたしたちから離れていく。ちょうど天国の入口で、ウェルギリウスがダンテに別れを告げたように。そこからは、美がわたしたちの案内人となるのだ。

訳者あとがき

『いきの構造』で知られる哲学者、九鬼周造は「偶然と運命」という随筆の冒頭で、「偶然という問題は……世界の思想史上では二千年以上も前からの問題で、一時の流行とは無関係である」と述べています。二千年以上も前から考察の対象となってきたということは、「偶然」が人間にとって根元的な問題であり、いつの時代にも人々の関心をよぶ「現代的」なテーマであったことを意味しているでしょう。

本書はこの古くて新しい「偶然」というテーマを中心にすえた一般向け数学読み物です。ただ、確かに数学的トピックを扱っているという意味で「数学」読み物には違いないとしても、いわゆる偶然の数学をわかりやすく紹介しただけの本ではありません。本書の顕著な特色は、このテーマの伝統にのっとり、哲学的色彩が濃いことにあります。つまり、乱数生成法、ランダム数列、指数関数的不安定性、リスク計算などの現代的なトピックについて、簡単な例を使って懇切丁寧に説明するだけではなく、それと同じくらい、もしかしたらそれ以上に多くのページを費やして、それらの哲学的意味を考えたり、哲学的解釈をあたえたりしているのです。

著者によると、古代ギリシア時代、「偶然」を意味していた言葉「テューケー」には、「存在」という意味も含まれていたといいます。存在を考えることは哲学の重要な仕事です。本書には、偶然や神が存在するかどうかを問う問題のほかに、否応なく存在するこの世界、わたしたち人類、そして個々の人間について、存在の「意味」を問う問題も取りあげられています。意味を求めずにはいられない人間にとって、決定論

は宿命的です。本書は「偶然」と「決定論」との関係をめぐる哲学的考察にも踏み込んでいます。これは数学の本としては異例のことではないでしょうか。

本書は原題を"Au hazard"（「いきあたりばったり」の意）といい、フランスのスイユ社から1991年に出版されました。15年も前に書かれた本なので、当時は真新しかった事件も今ではそうではありません。けれども、まわりを見れば今でも同様の問題はいくらでも転がっています。ほんの一例をあげれば、第5章でリスクの見積もりをめぐる当局と世論の対立のくだりを読んで、昨今のアメリカ産牛肉輸入再開問題を思い出さない人はいないでしょう。本書の現代性は本質的には少しも失われていないのです。「はじめに」のなかに、テューケーの物語を「読み進むうちに、他ならぬわたしたち自身がその登場人物であることを発見する」というくだりがありますが、たしかに「偶然」は現代社会と密接に結びついています。そして読者は、著者の巧みな比喩と親切な導きのおかげで、漠然ととらえていた偶然のさまざまな側面を知ることができるのです。

哲学的色彩が濃いこと以外にも、本書にはいくつか数学書らしからぬ特色があります。ここではとくに、歴史や文学からの引用が多いことと、全編に漂う淡い憂愁にふれたいと思います。

まず前者についていうと、たとえばオーラヴ・トリュグヴェソン王をめぐる話は源平の戦いを思わせますし、マチャドの詩は高村光太郎の「道程」に似ています。そういう連想を働かせるのももちろん楽しいですが、本書にちりばめられた引用は、たんに堅い話の雰囲気を和らげるための道具ではあ

りません。それらは数学的考察と結びついて彩りをあたえるとともに、逆に数学の話に照らされて新たな意味さえ帯びてきます。数学的解釈が文学に深みをあたえるのです。ツキディデスからシェイクスピア、ラブレー、ゲーテ、ボルヘス、ハントケまで、文学的趣味の良さもさることながら、数学的あるいは哲学的文脈のなかに自在に取り込めるほど、著者がそれらを読み込んでいることにも感嘆します。数学の読み物で、これほど多くの——それも一流の——著作が、このようなかたちで織り込まれている例はあまり見かけないでしょう。

　しかし憂愁となると、もっとめずらしいのではないでしょうか。多くの一般向け数学書は、数学の「楽しさ」や「おもしろさ」、加えて近頃は「美しさ」を強調します（本書にもたびたび出てきますが）。だから知的快感を味わうことはできますし、美的陶酔感も場合によっては味見くらいはできます。しかし本書にはそれとは別の味わいがあります。それは夢と失望、情熱と挫折を知る者の、湿り気を含んだ叙情性です。本書は「なぜ○○なのか？」「もし○○だったらどうなったか？」という問いに満ちています。偶然に見える出来事を前にしたとき、人はこの問いを発せずにはいられません。本書ではそれが時に、失われたものへの哀惜、幻に終わった出来事への追慕を伴っています。永遠なるものへの憧れと表裏一体の、「もののあはれ」にも似た情感が淡く漂っているのです。この雰囲気は訳者には大きな魅力でしたが、好みの分かれるところかもしれません。ただ、今述べた特色と哲学的色彩が肌に合えば、数学の細かい議論が多少分からなくても本書を楽しむことはできると思います。

　とはいえ、数学の説明は概して丁寧なので、テーマに対す

る関心と高校程度の知識があれば誰でもついていけるでしょう。たとえば世界に意味があるかどうかを知るための、マックスウェルの悪魔を使った簡単な実験法などはおもしろく読めますし、無限のもつ目の眩(くら)むような力を感じることもできます。その他の話も、読むためにとくに専門的な知識は必要ありません。ただ、第4章のカオス理論はつい筆がすべったようで、読者を置き去りにしているところがあります。とりわけエルゴード測度云々の部分ではそれが顕著で、ここだけは専門家に訳文のチェックをお願いしました。お茶の水女子大学理学部情報科学科の竹尾富貴子教授と、東京大学総合文化研究科の森田英俊氏(博士課程、依頼当時)にお礼を申しあげます。ただ、チェックしてあるとはいっても、内容を嚙み砕いて説明を補うだけの力量は訳者にはないので、わかりやすくなったとはいえません。すでにわかっている人はよいけれど、そうでない人はあまり拘泥せずに読み進んでほしいと思います。

　数学的内容にかんしては、間違いのないように細心の注意を払ったつもりですが、思わぬところで間違いを犯しているかもしれません。その他の部分も含めて、お気づきの点があればぜひお知らせください。最後に、原著の説明をさらにわかりやすくするため、例や注を補ってくださった編集者の緑慎也氏と、素人の観点から読みやすさをチェックしてくださった書籍情報社の矢部宏治氏にお礼を申しあげます。

2006年2月

南條郁子

著者　**イーヴァル・エクランド**
　　　Ivar Ekeland

1944年、パリ生まれ。母国語であるフランス語のほかに、英語、ドイツ語、ノルウェー語を話す。1970年から2002年までパリ＝ドーフィーヌ大学教授。1989年から1994年まで同大学学長。1996年、ベルギー王立科学アカデミー大賞受賞。1997年、ノルウェー科学アカデミー会員。2003年からカナダのブリティッシュ・コロンビア大学教授。パシフィック数理科学研究所所長。関心領域は幾何学、力学からゲーム理論、経済学まで多岐にわたる。専門書に『ゲーム理論と数理経済学入門』、『凸解析と変分問題』、『応用非線形解析』、『カオス』などがある。一般読者向けには、出版年の順に『計算、予想外』（1984年）、本書（1991年）、『可能な中で最良の世界』（2000年）の3冊がある（いずれもスイユ社）。このうち『計算、予想外』はカタストロフ理論をあつかったもので、1984年にジャン＝ロスタン賞を受賞し、1987年に文庫本となり、8ヶ国語に訳された。また本書は1992年にダランベール賞を受賞し、2000年に文庫本となり、4ヶ国語に翻訳された。『可能な中で最良の世界』は本書の「おわりに」で触れられている変分原理と最小作用の原理をテーマにしたもので、近々英訳本が出る予定。

訳者　**南條郁子**
　　　Nanjyo Ikuko

お茶の水女子大学理学部数学科卒業。主な訳書にマリア・カルメロ・ベトロ『図説ヒエログリフ事典』、レーヌ＝マリー パリス『カミーユ・クローデル──天才は鏡のごとく』、ドゥニ ゲージ『数の歴史』（以上、創元社）、カール・サバー『リーマン博士の大予想』（紀伊國屋書店）がある。

偶然とは何か
北欧神話で読む現代数学理論全6章

2006年2月20日第1版第1刷 発行

著 者 イーヴァル・エクランド
訳 者 南條郁子
発行者 矢部敬一
発行所 株式会社 創元社

   http://www.sogensha.co.jp/
   本社 〒541-0047 大阪市中央区淡路町4-3-6
   Tel.06-6231-9010 Fax.06-6233-3111
   東京支店 〒162-0825 東京都新宿区神楽坂4-3 煉瓦塔ビル
   Tel.03-3269-1051

印刷所 株式会社 太洋社
装 丁 濱崎実幸

©2006, Printed in Japan ISBN4-422-40019-3
〈検印廃止〉

本書の全部または一部を無断で複写・複製することを禁じます。
落丁・乱丁のときはお取り替えいたします。

「知の再発見」双書74
数の歴史
D・ゲージ［著］／藤原正彦［監修］／南條郁子［訳］
B6判変型・176頁　1,500円　4-422-21134-X

小石や木切れで数を数えていた時代から、やがて数字が発明され、ついには抽象的な数論の世界に至るまでの歴史を語る。「数」に取り組んだ人々による感動的なものがたり。

「知の再発見」双書39
記号の歴史
G・ジャン［著］／矢島文夫［監修］／田辺希久子［監修］
B6判変型・212頁　1,500円　4-422-21089-0

通信手段としての狼煙、視覚・聴覚障害者のための点字や手話、象徴としての十字架、マオリ族の入れ墨など、記号という人類のもう一つのコミュニケーション史を明らかにする。

※価格に消費税は含まれていません。